我的宝宝想说什么

Angelika Gregor 著

宋武 译

凤凰出版传媒集团
江苏教育出版社
JIANGSU EDUCATION PUBLISHING HOUSE

图书在版编目（CIP）数据

我的宝宝想说什么/（德）哥罗格（Gregor,A.）著；宋武译. --南京：江苏教育出版社，2011.1
（大众教养馆）
ISBN 978-7-5499-0307-8

Ⅰ.①我… Ⅱ. ①哥… ②宋… Ⅲ. ①婴幼儿一哺育 Ⅳ. ①TS976.31

中国版本图书馆CIP数据核字(2010)第263109号

书　　名	我的宝宝想说什么
作　　者	Gregor，A
译　　者	宋　武
责任编辑	林　琬
出版发行	凤凰出版传媒集团
	江苏教育出版社（南京市湖南路1号A楼　邮编210009）
网　　址	http://www.1088.com.cn
集团网址	凤凰出版传媒网 http://www.ppm.cn
经　　销	江苏省新华发行集团有限公司
照　　排	南京前锦排版服务有限公司
印　　刷	江苏凤凰通达印刷有限公司
厂　　址	南京市六合区冶山镇（邮编211523）
电　　话	025-57572508
开　　本	890×1240毫米　1/32
印　　张	5.75
字　　数	100 000
版　　次	2011年1月第1版
	2011年1月第1次印刷
书　　号	ISBN　978-7-5499-0307-8
定　　价	20.00元
批发电话	025-83657791，83658558，83658511
邮购电话	025-85400774，8008289797
短信咨询	025-85420909
E-mail	jsep@vip.163.com
盗版举报	025-83658551

Title of the original German edition:
Author: Angelika Gregor
Title: Was unser Baby sagen will
Mit einem Geleitwort von Manfred Cierpka

著作权合同登记图字:10-2010-247

目录

前言

这本书的阅读对象是打算生孩子或者1岁前孩子的父母们。大多数父母都热切地期盼着自己孩子的降生，共同度过美好的时光。在即将分娩之际，他们不禁浮想联翩：孩子会长什么样？会有怎样的个性？他们渴望与孩子交流。当他们看到孩子在睡觉、喝奶、第一次玩游戏时心满意足的样子，会感到由衷的愉悦。

大多数父母知道应该如何与婴儿进行沟通。在德国，接近四分之三的年轻父母们参加过助产士的生育知识培训班，其中40%是夫妻双方共同参加的。这样，他们就做好了生育的准备，知道如何包裹婴儿、给婴儿洗澡以及哄婴儿入睡。

科学家们研究发现，父母一般都有与婴儿沟通的天性。他们主动与婴儿说话，并且改变说话的方式和声调，说一些简单的词汇，把自己的头靠近婴儿。他们知道婴儿发出的信号有什么含义，并对此作出回应。在孩子刚刚降生的几个月里，他们学习如何去理解自己孩子的一举一动。这样，父母和孩子就逐渐建立了一种稳定的关系。

本书的主要内容是，当年轻的父母们开始学习并且练习去察觉和注意婴儿的这些信号时，如何能够更好地理解婴儿的语言。就如同参加婴儿护理培训班学习一些护理常识一样，年轻的父母们可以通过本书，学会如何在孩子刚刚出生的几个月里与其进行沟通。这样，父母在与孩子建立关系的过程中就可以避免产生误解甚至冲突。哭闹厉害的或者特别安静的婴儿发出的信号容易被忽略，因此尤其要注意观察他们的一举一动，从而给予适当的回应，这是十分有帮助的。

本书将为父母们在这方面提供切合实际的帮助。书中的大量插图通过实例解释了婴儿向周围环境发出的信号。文字内容则向父母们介绍了与婴儿沟通的技巧。本书还介绍了父母和婴儿之间早期是如何对话的，怎样才能使这种对话取得成效，哪些因素又会影响对话的效果。很多父母在阅读了本书后，会更加敏锐地注意到自己孩子的“语言”。此外，我们还建议你们参加一个学习班，与其他父母共同学习如何才能更好地理解婴儿发出的信号。这个学习班叫做“理解婴儿”，有一些助产士已经可以提供这个课程（请参见www. focus-familie. de）。具体事宜，请您咨询培训班主办人。我希望这本书能为年轻父母们提供有益帮助！

一岁以前宝宝的发展状况

1 生命始于诞生前——怀孕期间发生了什么

可能有人会这样说："人的生命始于精子和卵子的结合。"但是这些人也知道，无论是道德上还是医学上，关于这个问题的争论都非常多。在出生那一刻，这个由细胞团发展出来的复杂生物就已经拥有了令人吃惊的能力。

为了引出"发展"这个相当宽泛的题目，我们首先来大概了解一下宝宝出生前所发生的事情，重点将放在心理的发展上。由于在怀孕阶段和生命的第一年中，心理的发展过程和身体密不可分，因此所有的区分都是人为划分的。首先我们来看看身体的发展过程。

1.1 出生前最重要的阶段

人们通过动物实验、超声波技术、观察活体胎儿和早产儿来研究出生前的生命，现在已经有一系列的研究成果。但是为了描述怀孕期间的迅速发展，本书只能用摘要的方式将这些成果介绍给大家。

怀孕后第一周，神经系统开始形成。一个月后，神经系统最基本的部分（前脑、中脑、后脑、脊髓）就已经可以分辨出来了。到出生那一刻，宝宝的脑容量已经达到成年人的23%。怀孕的第二个月后，各个器官的大概形状、基本功能和它们在身体里的分布已经确定。十周左右就可以分辨出所有的器官、组织和宝宝的性别。这时候就已经有了人的外形。之后的过程就仅仅是继续生长了，细节部分也越来越明确。胎儿受到的影响会影响他今后的生长、成形和功能。如果胎儿在怀孕初期受到了危害性很大的影响（如辐射、毒素），就有发育畸形甚至死亡的危险。

感觉的发展过程如下：

- 28 周时嗅觉和味觉已经能够工作。
- 怀孕第 5 个月起，眼睛已经能够感光。
- 也是从第 5 个月起，皮肤有了知觉。
- 耳朵发育完全并且具有听觉，胎儿已经可以听到声音。
- 6 个月的时候胎儿可以分辨出妈妈的声音，同时也能识别曾经听过的旋律。
- 7 个月的时候第一次睁开自己的眼睛。
- 单独的感官通道在还没有发育成熟时就开始工作了，未成熟的感官接受到的刺激为胎儿带来了感觉并且促进了感觉器官的进一步发展和完善。

小生命肢体的第一次活动出现在怀孕第八周到第十二周，这时候开始有胎动，代表宝宝正在羊水中活动呢。他发现自己偶然的活动也能产生影响。随着时间发展，小生命逐渐学会控制和调节自己的活动。同一时间段，他开始了第一次呼吸运动。

怀孕三个月后，小生命已经能时不时地吮吸、吞咽、打嗝或伸展自己的四肢。此前没有规律的运动逐渐变得有规律起来，也就是说，活动和休息之间的交替越来越有节奏。未出世宝宝的总活动度在出生前稳定地增长。但是在怀孕的最后一个月，由于小生命已经发育到一定大小，妈妈的肚子无法提供足够的活动空间，因此他的活动性会下降。

大脑的发育程度在宝宝未出生时（以及一岁之前）起到了关键作用。因此这一点将专门在第二章中详细讲述（第二节）。曾有人这样幽默地形容大脑在此时的支配地位："我们再也不会如此聪明了。"人们对宝宝出生前的智慧有着什么样的认识？我们对小生命出世前的智慧水平能了解些什么呢？

1.2 宝宝出生前心理发展的先驱

未出生的宝宝究竟能对多大的刺激产生反应？关于这个问题，学者们的观点可以说是大相径庭。有些学者认为，母亲的所有想法都会引起自身身体的反应，从而传达给未出生的宝宝，但也有很多学者认为母亲的心理活动不会对未出世的宝宝产生影响。根据目前的研究结果还无法得出一个统一的观点。但是如果认真研究过相关资料就会发现，确实存在一定的风险因素。这些风险因素包括化学因素、物理因素、身体状况和母亲的疾病，此外还有忧虑、压力、负担以及准妈妈对宝宝的抗拒态度（例如她不希望怀孕）等。

它们都有可能对生命出生前的发展产生影响。而关于例如尼古丁和酒精这类毒素,所有的看法基本上都是一致的,这里就不多做讨论了。因为人们在心情不好时常常用它们来暂时麻痹自己不愉快的感觉。但是也不能就此认定:这些影响肯定对宝宝的发展有害。我们只能假设,如果没有被其他因素平衡(生活中正面的、受欢迎的部分,例如稳定和互相扶持的夫妻关系、物质保障和来自亲戚朋友圈的支持),它们很有可能成为妨碍胎儿发展的危险源。如果能够找到平衡物,那将十分有益:因为不利的影响可以被其他好的因素削弱。

那么怀孕期间,妈妈的情绪状况和宝宝的发展之间是如何实现关联的呢?妈妈的体会将通过什么方式传达给未出生的宝宝呢?

和未出生宝宝的"对话"

那些致力于研究胎儿发展的学者指出,准妈妈在怀孕阶段就开始和肚子里的宝宝进行"对话"。这种交流在怀孕的不同阶段以及根据宝宝不同的发育程度而各不相同。

未出世的宝宝和妈妈在身体上是一个整体。他通过妈妈的血液吸收营养,通过共同的血液循环和妈妈腹部传达的外部刺激,宝宝得到对成长和发育至关重要的营养物质。身体分泌物、氧气成分、营养成分、代谢物、激素和其他血液成分都是信息载体。这些载体将周围环境,也就是母亲的状态传达给未出生的宝宝。宝宝身体的发展过程和母亲的健康、情绪和意识状态(例如饥饿、忧虑、愉悦等)有关。新陈代谢随着妈妈心理状态、情绪、活动、节奏的变化而变化,并或多或少地影响着宝宝的身体发展过程。因此,准妈妈应该尽量避免过于极端的状况和重大变故,或通过其他方法来平衡,例如关注自己的身体和肚子里的小生命,接触大自然,练习感知自己的身体和释放压力。当然朋友的鼓励以及其他好的因素也可以在困境不可避免时帮助肚子里的小生命。

怀孕期间受到的压力会对胎儿产生什么影响?

这种方式对宝宝造成影响被认为是母亲和环境之间不和的结果。当母亲因为沉重的心理负担而感到压力时,血液循环系统中的某些激素会流失。此时血管收缩,导致子宫和胎盘之间的血液交换减少,继而导致宝宝一定程度地缺氧。应激激素会进入胎盘,长期下去就会提高胎儿的活动性。

怀孕期间如果长期受到压力和忧虑的折磨,那么很有可能导致分娩不顺利或难产(例如更加剧烈的产痛),还有可能出现早产和先天性发育不全。因此,在怀孕期间尽量创造一个健康的生活环境,让准妈妈有安全感并且能够全神贯注,这将十分有好处。当然这一点并不总是很容易做到,通常需要付出很大的努力。和其他情况相近的孕妇或即将有宝宝的家庭进行交流也能起到帮助作用。准妈妈会发现,其他人的怀孕过程也并不总是一帆风顺,至于困难多少都是能够克服的。和一个充分了解自己的人交流能够让自己放松,同时获得支持和安全感。

宝宝自我调节的问题被证明和母亲怀孕期间的压力有关。自我调节的问题指的是敏感或易激惹性、过于频繁的哭闹、不安静的气质、身体多动性、适应能力差和发育迟缓。有关这些问题——如果真的遇到这些问题——您将在第三章、第四章和第五章中得到更多的信息。

发育比较成熟以后,未出生的宝宝会用反射和激烈运动对压力信息做出反应:他吞咽羊水,常常打嗝或吸吮拇指。这就是宝宝的"回答"。但是很多母亲都不了解,为什么宝宝会释放出压力信号。大多数母亲都能提前感觉这一点,因此能够让自己和自己的宝宝免受不利因素的影响。当然不可能总是做到这一点,也不一定要完全做到这一点,因为生活是不可能没有任何压力的。负担常常是不可避免的,因此重要的是如何通过创造出一种平衡,将负担控制在可承受的范围内。

如果不希望怀孕却被查出怀孕,那么父母在刚开始的阶段一定会感到压力——如果是无意中怀孕,这种压力会小一些。是否要堕胎的问题会消耗人们很多的精力。如果怀孕是计划外或不希望出现的,那么在确认怀孕以后,父母首先需要时间去相信这个事实并让自己适应这个全新的情况。相反的,如果父母已经计划好要宝宝了,那么在怀孕以前他们就已经做好了身体、心理和社会甚至物质上的全面准备。也就是说,那些没有准备要孩子的父母的心理调整比较迟缓,而且常常伴随着更大的负担。这种情况常常和影响宝宝发展的风险相互关联。研究证明,如果父母没有得到足够的支持，那些计划外的宝宝更容易出现身体、心理和行为问题。

如今已经有很多方法可以得到专业的建议和支持，主要是咨询中心（婚姻、家庭和生活咨询，怀孕咨询，家庭教育机构，心理辅导，互助群体以及医师建议等），以便在这种问题状况下找到正确的方向。

尽管还有很多其他的原因，但是概括地说，孕妇的忧虑和压力会阻碍胎儿的发育过程。这并不一定代表宝宝出生时肯定会受到实际的损害，但确实有这样的风险。如果现状无法改变，那么还有很多方法来对抗这种风险。

夫妻关系问题有着什么样的影响？

如果母亲在怀孕期间长时间受到沉重的感情负担的困扰，那么宝宝就会出现异常特征，正如本书最后一章中描写的那样。这种情况常常出现在夫妻关系陷入危机时，当然也有可能因为至亲的人忽然去世或者本身就不希望怀孕。它们会引起比较深层次的忧虑和压力，从而有可能通过上面提到的身体压力反应影响到未出生的宝宝。有关这个问题的研究报告指出，宝宝的一些特征让父母认为他具有那些难教养的气质。频繁的哭闹（参见第四章）也有可能是特征之一。

您可以在第九章中了解更多关于夫妻关系的问题，以及如何解决这些问题的信息。

此处要再次强调化解压力能力的重要作用，以及日常生活中能够帮助自我恢复的“小岛”的重要性。这样就可以缓和甚至阻止怀孕期间不可避免的压力所产生的影响。

1.3 总结

目前，关于宝宝出世前的条件和宝宝之后的行为以及进一步发展之间的联系的研究还处在起步阶段。现在的看法认为，宝宝的发展过程和行为是由遗传和环境之间的相互作用决定的。遗传因素和神经系统的活性、环境和生命最初的行为之间关系密切。基因作用并不是像人们长久以来所认为的那样——从一开始就确定了而且无法再改变，它在很大程度上还受到各种环境的影响。基因自身并不会变得活跃，而是受到特定环境的影响。

胎儿的发展十分迅速。怀孕两个月以后，有机体已经有了大概的形状并且基本的功能已经形成。怀孕中期，感觉器官已经开始工作。此时，胎儿开始有感觉能力。胎儿的运动性逐渐从纯粹的反射活动发展为有规律的、协调的活动。大脑在此时的发展中起着至关重要的作用。

母亲为未出生的宝宝创造的环境会影响到他的发展过程。心理因素的不利影响用“压力”来概括。它包括所有长期负担，例如不希望出现的怀孕、夫妻关系问题、原生家庭的问题以及社交和工作中的问题。这些压力通过血液循环进入胎盘，从而传达给肚子里的宝宝。母亲和宝宝共同的血液循环中的某些特定激素会流失，从而影响到宝宝大脑某个部位的进一步发育。这些部位以后会负责记忆功能，决定了宝宝将来的行为方式。此外这些部位还会影响到宝宝和父母建立依恋关系的方式，因为它会对父母产生一定的影响并引发他们的相应反应。宝宝和父母之间的依恋关系在怀孕期间就已经开始产生了。我将在本书第二部分的开始（第六章）回到这一点。

为了减少或阻止不可避免的不利因素对未出生宝宝的影响，父母应该尽早注意到相关的负担和压力症状，并且主动地用合适的、自己喜欢的方式努力去克服这些压力。大量的咨询中心不仅能在父母陷入危机时提供支持，也可以提供预防性的帮助。

在下面的篇幅中我们将会首先了解一下大脑的重要作用，它会影响到宝宝一岁及以后的发育过程。它的可塑性和生命最初的经验紧密相关。

2 大脑在第一年里是如何发育的

在本章中，您将借助神经科学和大脑研究的振奋人心的最新发现，了解父母和宝宝之间的早期对话和亲子关系的重要联系。您现在已经大概了解了一些“早期亲子互动”的基础知识。本章的目的是帮助您认识到生活中人与人之间的情感体验和身体发展之间的联系有多么紧密，尽早地采取措施非常重要。

2.1 引言

在很长时间里人们都认为基因决定了大脑的发展。然而几十年前进行的行为观察却引发了另一种推测：精神和心理的发展受到学习过程的强烈影响，而这种学习过程又始终和情感相连。Rene Spitz 于上世纪 40 年代在 Waisenheimen 做的儿童行为研究引起了专业人士的注意。Spitz 得出结论：缺少情感体验和精神鼓励会导致宝宝的活动发展延迟和心理发展缓慢。在当时的儿童之家，孩子们除了得到必要的照顾之外，就没有其他的保障了。这些被遗弃的婴儿几乎体会不到充满关爱的照顾和周围环境的有趣刺激，有些甚至在孤儿院夭折。Spitz 的研究体现的是极端条件下的影响。

美国心理学家 Harlow 夫妇对那些很早就失去父母的

五岁至六岁的猴子做了一项研究：成长时没有母亲陪伴的小猴子在以后的生命阶段中和同龄猴子的行为始终不同。它们很少游戏，比其他猴子胆小得多，而且后代也比较少。另外，就算它们有了后代，它们也不知道怎么开始哺育。

失去父母为什么会造成如此强烈的影响呢？有机体对这种经历是如何做出反应的呢？

为了找到这个问题的答案，几年前神经生物学家开始在动物身上研究早期的经验和学习是如何影响大脑的。得益于过去几年技术的快速发展，人们已经拥有了十分先进和精密的仪器，这些仪器使人们可以看到生物大脑的程序。观察不同状态下的人的大脑（清醒阶段、睡眠、饥饿、激动、沉思等）早已变为可能，而且能够详细地观察在极短时间（毫秒）中发生的某一过程。

2.2 我们对宝宝第一年发展的认知

一岁之前的情感经验是如何影响行为发展的？环境会对我们的心理发展产生什么影响？幼儿期（这里指的是一岁之前）的不同条件如何影响构成一个人将来性格的经历和行为？

关于人们如何回答此类问题，下面的理论说明应该能够提供一个大概的方向。目前，对于这些问题或相似问题的答案已经趋于一致。但有一点必须提前说明：到目前为止，大多数的研究都是在动物身上进行的，以下描述的绝大部分也来自于这些研究。绝不可以想当然地认为人的大脑完全就是这样工作的。虽然目前针对人脑发展过程的研究越来越多,但是最终的结论我们现在只能等待,因为研究早期经历的长久影响需要很多年的时间。

> 如今科学家们几乎不会再怀疑,环境的影响比人们曾经认为的要大得多。大脑的功能和发展并不是从一开始就确定了。

生命刚开始的阶段,人的大脑大概有1 000亿个细胞,但此时大部分细胞还没有相互结合。之后大脑再也不可能像此时一样拥有如此多的可能性。这时候,单个的细胞开始根据来自外界的经验相互关联。时间一长,只有那些可以相互连接构成网络、并且连接经常被使用到的细胞可以存活。

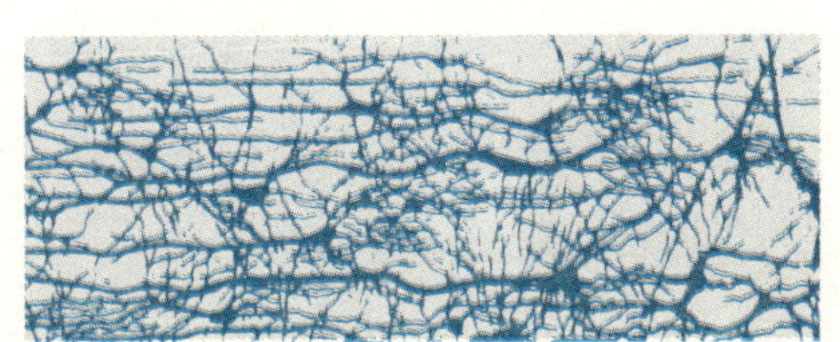

图 2.1 神经细胞网络(家庭和工作研究会,1998 年发表)

神经细胞铺设的一小部分在出生时就已经存在了,另一部分则是在学习过程中完成的。它们带来的感官刺激和神经系统刺激形成了大脑的结构。神经细胞特定网络的刺激模式通过伴随着它们的外部事件而获得一定的含义，渐渐地就成为了感觉。如果这些感觉被储存在记忆中，就会影响到经验的归类。如果一种细胞连接没有得到足够地激发，那么它们会服务其他常常使用到的连接。

也就是说，出生以后，大脑的不同区域会不断地建立和分解连接。换一种说法：反复刺激同一"开关环路"的重复经验会引发所谓的"学习效应"。它们会被记住并且对宝宝以后的发展产生很重要的影响。

如果它们产生于对特定能力的发展十分重要的阶段，例如宝宝一岁前发展依恋关系时，这种学习效应就会影响到个人典型特征的形成。相应刺激循环和相关的细胞、连接和化学过程在经过一系列重复后更容易被激发，即便是在刺激越来越弱的情况下。

神经细胞铺设的建立和分解在孩子十岁之前不断地发生着，以便适应新的环境。但是宝宝一岁之后，大脑的这种构成速度就开始减慢。因为对生存最重要的部分都已经完成了。那些网络的作用仅仅是接受并检验整体的感觉认知，赋予它们意义并将它们保存在记忆中。

我们在日常生活中的行为方式和反应与所感知的环境刺激有关。它们通过之前确定的神经系统网络获得意义，而神经系统网络又和经验有关。

多么有趣的现象啊！但是它也有一定的不利方面：人们同样会适应不利的环境，例如缺少情感上的关爱。一定的刺激，例如接近另一个人，因此获得了典型的负面意义，然后又对行为控制产生影响。事实上，您作为父母有很多空间可以对宝宝的发展产生正面的影响。关于这一点我们将在下一章中特别地加以讨论。

2.3 边缘系统和最早的情感经验

大脑边缘区域对于情绪生活尤为重要，它有时也被称为“兴趣中心”。它是大脑进化发展史上的一个古老的部分，在进化过程中一直被保留下来。但是它渐渐地被控制意识活动并且出现在人类发展史后期的大脑皮层所覆盖。尽管如此，它对强调情绪的行为控制和学习以及记忆形成还是起着主要作用。

出生的时候，在边缘系统里出现了神经细胞和连接的过剩。此时通过早期经验和学习过程形成这一时期：多余的连接会被分解，因为它们很少或从来没有用过。其他的连接则因为常常被用到而得到增强并保留下来。这代表：

> 早期重复出现的影响会留下深刻的痕迹。有人猜测，发生在父母和宝宝相处时的事件会影响到大脑边缘系统的发育。

图 2.2 “坐飞机游戏”对四个月的宝宝来说非常刺激，可以带来令人兴奋和愉快的共同时光

新生儿早期的情绪体验一般来自于父母。和父母共同度过的时间可以起到调节和稳定的作用，影响到宝宝大脑的发育。人们可以将这些经验在大脑成形过程中产生的影响称为“痕迹”。如果父母能迎合宝宝不同的先天条件并尽量适应这些条件，那么宝宝的情绪和心理的发育就能正常进行。如果长时间无法接触到父母中的某一方（例如因为母亲去世），其后果可能就是边缘系统发育不成熟甚至导致错误的铺设。

动物实验的结果给这种猜测提供了令人印象深刻的证据。试验中所观察的动物（例如灌丛八齿鼠和家养鸡）的社交行为和新生儿的情况非常接近。如果把它们和父母及兄弟姐妹分开，那么它们会用压力和焦虑信号来反应，代表了一种非常负面的情绪体验。接着研究这些动物的大脑就会发现，边缘系统的兴奋度下降得最为明显。有证据表明，人在类似的压力状况下，大脑的相关区域也会出现类似的消极状态。

这只是诸多可能造成大脑不正常连接的原因中的一个。根据大脑区域的不同，其神经细胞铺设的差异性有可能非常大，也有可能发展为连接过剩。它们对行为的意义是，是否和神经细胞铺设有关，会起到刺激还是阻碍作用。

单独的情绪体验和不同的大脑部位有关。和上述区域有关的是嗜好的发展、胆怯和侵略行为的发展，无法让自己避开环境刺激。此外在动物实验的研究中，所谓神经传递介质的分配也会受到阻碍。神经传递介质是在两个细胞间进行信息交换的信使物质。首先受到影响的是参与大脑中情绪处理的信使物质，它们在很多精神疾病中（例如忧郁症和躁郁症）也是处于不平衡状态。把八齿鼠和它的母亲分开三天以后，边缘系统某些部位的信使物质的靶细胞就开始增加。这将对以后的社交和学习行为产生很大影响，例如它们在陌生环境中的身体活动过度、不太能领会母亲的呼喊。

神经系统中一个“错误连接”的网络可能会导致行为问题、学习困难甚至心理疾病。

2.4 人类大脑在生命中的发展

图 2.3 中由计算机断层摄像机记录的人类大脑图片可

以使刚刚讲述的内容更加明了。它们显示了不同年龄阶段的大脑。这些图片展示了，在宝宝一岁的时候，大脑就以极快的速度形成了基本的、确定的形状。一岁宝宝的大脑和成年人的大脑已经十分相似。宝宝一岁以后大脑的发展主要就是细节的形成；此时发生改变的可能性开始逐渐降低。这也证明了环境影响在宝宝一岁前的重要意义，而环境影响主要就是父母和宝宝之间的相处。看起来似乎一开始就形成了以后生命阶段的“要点”。

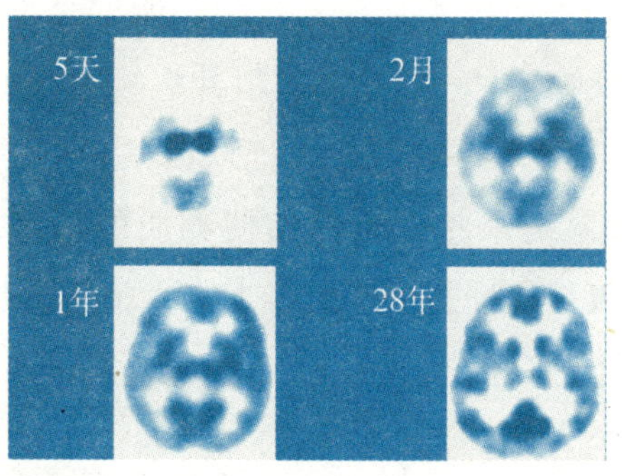

图 2.3 大脑的 CT 记录(Chugani 1997)：宝宝一岁前大脑就以极快的速度形成了基本的、确定的形状

最好的情况就是，人们能够在经验中形成一个主要是正面的期望。它们会更加强烈地对人的心理和社交生活起到促进作用。不利的情况就是，如果父母没有给宝宝创造愉快的情绪体验，那么很有可能使宝宝的期望向负面发展。后果就是宝宝会对某些刺激产生不愉快的情绪反应。

但是请不要认为，宝宝一岁以后就再也不会发生重要的改变了！人类大脑的适应能力是贯穿整个生命的，尽管随着年龄的增长会被削弱，但是成年以后仍然有“修复不利循环”的可能。

早期经验会对健康产生什么样的长期影响？

值得注意的不只是早期经验对心理的影响。过去长达20年的科学研究指出，童年时代的那些负担——就是我提到的那些——也会提高身体健康发展的风险。负担越多，心理原因导致身体健康出现问题的风险就越高（高5—20倍）。如果只能部分地建立安全型依恋，例如由于第一年里失去母亲或母亲（暂时）不在身边，那么身体机能层面会对压力处理能力的发展产生阻碍。在某些情况下，甚至会成为这个人一生的弱点。造成沉重负担的事件及其后果可能会持续妨碍应激激素的新陈代谢。受到影响的人将来就会无法很好地处理压力和负担。这样会促使他们开始“风险行为”——抽烟、饮酒、暴饮暴食、频繁更换性伴侣等，也更容易受到抑郁症的折磨。缺少健康的生活方式自然提高了生病的几率。另一些人为了消除自己的压力会变得具有侵略性甚至走上犯罪的道路。

单亲（大多数是单身母亲）家庭更容易让产生负担的条件聚集，例如社会地位和物质地位较低、收入较少、受教育水平较低以及心理负担。这对宝宝来说风险更大，因为除了“缺少父亲”的问题，宝宝还会受到母亲负担的影响。单身父母和孩子之间的关系就会出现问题，并且这种问题会持续下去。

> 既然提到了“风险因素”，那么也就不应该忘记“安全因素”，也就是那些可以起到帮助作用、克服不利影响的条件。在童年时代，最重要的就是至少和一个重要的、熟悉的人，大多数是父母，建立正面的关系。安全型依恋可以起到缓和的作用，并且可以促进压力处理系统。很多孩子的起始条件虽然是负面甚至有害的，但是他们的发展却相当顺利，因为这种起始条件并没有导致持续的反常或疾病。我们目前的认知很显然还无法解释这种现象。这也告诉我们，目前研究还相当不完善，必须更加严谨地进行。

2.5 总结

因为大脑在生命开始阶段的可塑性很强，此时的环境经验（主要是和父母）对以后的成形有着决定性的作用。在不断建立和分解连接的过程中形成了独特的特征，决定了与生俱来的发展可能性的发育情况。在动物身上的深入研究证明，边缘系统对于情绪行为调节以及学习和记忆的形成最为重要。通过父母和宝宝相处中重复出现的刺激，不同的经验获得了各自的情绪色彩。由于早期的对话可以起到调节和稳定的作用，因此父母如何对待宝宝可能对宝宝的情绪生活有着重大的影响。动物实验中已经得到证明：人类大脑的基本部分在生命的第一年就已经确定了，在以后的生命阶段中仅仅是不断地形成细节部分。但是根据大脑的可塑性可以推断，以后如果处在困难的条件中，“修复经验”也有可能起到治疗作用。风险因素和安全因素在发展中相互对抗。安全因素的影响决定了特定负担是否会、会在多大程度上影响心理和身体健康的发展。

在下面的章节中将会讨论哪些影响和能力会在早期发展中起到重要作用。我了解了当前的研究成果，在接下来的篇幅中将给您介绍一下发展心理学领域中的主要观点，这些观点是正确的、有利于宝宝发展的相处方式的基础。

3 新生儿和婴儿与生俱来的能力

直到不久以前人们还普遍认为，刚出生的宝宝尚不能感知自己周围的环境；否定了他们具有感觉。可惜今天还是存在着这样的观点。与此相关的看法是，宝宝是完全被保护起来的，是和母亲共生的。直到最近几十年里，才能通过更加完善的实验研究新生儿和婴儿对环境的感知，人们由此得出了令人吃惊的结果。您马上就会发现。

在这一章里我希望帮您熟悉宝宝用来和周围的人联系的一些信号和行为方式。在用理论解释的过程中，您会不时地遇到“学习程序”，通过视频定格图片和系统的问答游戏向您提出问题，紧接着就是“答案”，也就是解释。

3.1 新生儿和婴儿能感知些什么

大多数宝宝刚出生的时候就已经拥有很多感觉能力。虽然这些能力的发育程度相差很大，但是所有的感觉通道（视觉、听觉、嗅觉、味觉、触觉和动觉）都已经能够工作。通过神经系统机能发育以及环境影响的共同作用，宝宝与生俱来的能力在生命的第一年里得到了拓展。最先成熟的是听觉和触觉，其实在出生之前就已经成熟了。差不多在怀孕第五个月到第六个月时，宝宝的耳朵就已经发育完成，尽管受到妈妈肚子的部分屏蔽，还是能感受到声音的刺激。皮肤甚至更早就能感知微妙的刺激，胎儿就是用触觉来辨认自己在妈妈肚子里的方向。关于这点我在第二章中已经描述过。

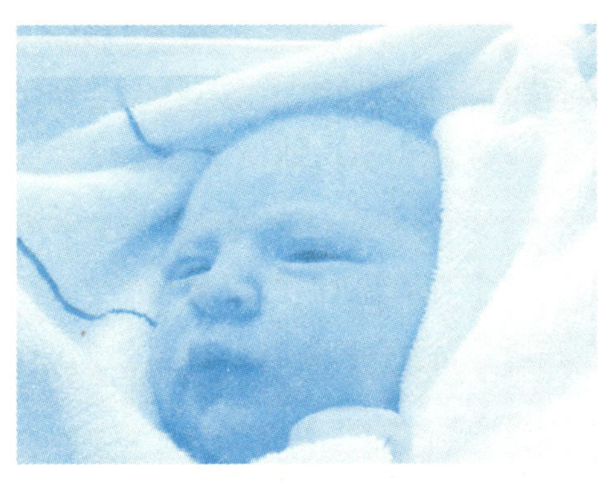

图 3.1 刚刚出生 20 分钟的宝宝已经开始辨认新的环境

感知能力发展中最重要和最令人吃惊的结果将在接下来的篇幅中描述。它们还说明，宝宝需要的不仅仅是充足的营养、照顾和睡眠。他们对周围环境相当有兴趣，刚开始时（前两个月）尤其是对人的声音和脸庞。当您的宝宝——前提是，他是醒着的，吃饱睡足而且感到很满足——躺在您怀里的时候，如果您对他说话，他可能在全神贯注地“听”。他静静地听着已经熟悉的您的声音，并且特别喜欢音调较高、有旋律感的声音。如果您把头转向他，他就开始研究，从您额头的发际开始，直到认出这是他熟悉的人。首先您应该了解一下宝宝的每一个感觉通道。

视觉

新生儿视力的最大范围为20—25厘米的距离。他们可以区分出颜色，目光可以跟随视野中的物体活动。当然他们一出生就可以分辨不同的样本。刚出生的宝宝对某些图案比较偏爱：明暗对比和物体的轮廓。宝宝一出生就喜欢左右对称的图案，也就是人类面部。宝宝在观察别人面部时，首先会研究前额发际的明暗过渡或头部轮廓和背景的过渡。之后，大概两到三个月时，他们的兴趣会扩展到面部的具体内容上，特别是眼睛、鼻子和嘴巴占据了他们的注意力中心(3.2)。

关于宝宝什么时候可以分辨表情的争论很大：有些学者认为是第一个月，另一些认为是两到三个月。但是就算妈妈的表情改变了，宝宝还是认得出来这是同一张脸，而不是其他人的。当宝宝长到第三个月的时候就能区分妈妈和其他陌生人了。但是关于这个问题也有不同的发现，有些人认为要早得多。这种观点认为，年龄不能作为一个标准。标准的范围相对较大。在前几段中提到的宝宝的偏好以及区分的能力会影响亲子关系的建立。如果宝宝观察父母的面部，他会直接引发父母的快乐、爱和照顾。研究妈妈的面部同时也是目光接触和跟妈妈打招呼。从下面的例子中可以看出：早期的感知能力并不是分散的、单纯的感官现象；它们始终和宝宝与父母之间的关系发展以及环境有关。

宝宝区分认识和不认识的人的能力，和他的意识发展以及依附能力的特定阶段相连。在第三章中有关童年早期的发展篇幅中我将再次谈到这个问题。

听觉

前面已经提到过，宝宝听觉的发育很早而且比较偏爱人的声音。

- 新生儿将头部转向声音源的方向，这是很了不起的能力。
- 一个月的时候，他已经能明确地分辨出很多不同的音节（例如 p 和 b）。

许多宝宝会把耳朵对着讲话者的嘴，而且如果这时候正好被人抱在怀里，他们会好奇地倾听。这样就会激励父母常常对宝宝说话，而且会变换不同的声音。

此外，他们开始可以分辨出人为制造出来的声音和真正的人的声音。进一步的，他们的活动也会同步地配合正在讲话的成年人的声音：如果讲话者停止说话，那么宝宝的活动也会停止；随着说话的紧张度、音量和速度，宝宝也会加速或加剧他的活动。宝宝表现出来的这一切让人相信，他很早就有了移情能力。通过他的动作行为反映了人类行为的基本特征：速度、强度（音量）和（声音）模式或形态。这也是人类对话的基本特征。

嗅觉和味觉

宝宝可以感受到母亲的味道。出生不久，他们就能将母亲的味道和其他女性区分开，并且比较喜欢母亲的味道。如果将妈妈使用的手帕或者吸奶器系在宝宝的小床上，那么他会常常将头转向系着这些东西的一侧。

他们也能分辨不同的味道，最喜欢的是甜味。

其他的感觉

触觉和运动感觉，例如被抱着、被抚摸和被挪动，对于新生儿是不可缺少的。通常情况下，宝宝的感受并不是单一的，而是具有很多层面，同时有多个感觉通道参与进来。对复杂感觉刺激的体验就是这种情况。母亲拥抱和移动宝宝的不同方式对宝宝来说是一个复杂的运动模式。他很快就可以学会区分自己是被妈妈还是被别人抱着。刚刚已经提到过，宝宝很早就已经有了触觉。

自己身体的动觉和对内部的感知（器官、肌肉和关节）和其他感觉一样，也是一出生就已经存在的。

整体认知的能力

科学研究的结果表明，刚刚出生的宝宝已经能够将一个物品看做一个整体。他们一开始就能将不同的感知联系在一起。

- 他们可以将比较光滑的奶嘴和以前吸过的带有凸点的奶嘴区分开：他们的目光会较长时间地停留在带凸点的奶嘴上。
- 当他发现声音并不是从正在讲话的人的嘴巴中发出来，而是来自另一侧，他就会觉得困惑（例如录音带）。
- 同样如果他们发现母亲正在讲话，但是声音却是陌生的，他们也会感到不安。
- 他们很快就能将不同刺激（亮度和音量）的不同程度互相协调起来。
- 他们还会发现电影的不同步，也就是说讲话者的嘴型和声音之间不一致，并表现出困惑。

科学家们从三到四个月大的宝宝身上观察到了这种现象。其间来自婴儿研究的类似例子非常之多。很长时间里人们都认为，宝宝生活在一个各种感觉相互分开的世界里，随着发展进程才逐渐将它们“集合”。如今人们却可以认定，在发展的过程中宝宝逐渐学会将一个整体分割成不同的部分而不是反过来的。人们不相信宝宝具有这种能力。强度、时间和结构模板从一种感觉特征转换成另一种感觉协调的结果是具有革命性的，因为这样一来宝宝就有了概括能力。直到不久前人们还认为概括能力是孩子后期发展出来的。

3.2 真正的社交专家

宝宝出生后一直到两三个月大时，开始出现情感交流。宝宝一出生就有一定的社交“装备”(例如天生的情感模板：兴趣、愉快、生气或讨厌)。这些能力在他们进行小的交流时也能做出一定的贡献。这些都和他们的发育程度和气质有关。新生儿能够认知人的环境并做出反应。除此之外，他还会对环境发送自己的信号。如果观察他对游戏的反应，就如在下文中所述的那样，就很容易可以看到，必须把他看作一个可以独立行动、做出反应的游戏伙伴。

宝宝会用信号表现出自己对交流的兴趣

宝宝需要得到接触，尽管不是时刻都有这种需要。他们通常会发出很明确的信号而且毫不模糊(即使强度不同)地表明，他们是否需要刺激，是否需要交流，他们是清醒的还是已经累了。当然表达信号的明确程度各有不同，这又可以追溯到气质上的区别。

一般情况下，专注和不关心这两种阶段是相互交替的。宝宝愿意和他人共同娱乐有一个循环周期。根据每个宝宝发育程度不同，这种周期可长可短。注意力在刚开始时是十分有限的。新生儿的注意力最多能集中五到十分钟，之后就会感到疲倦。相对于成年人来说这是相当短的。六个月以后，宝宝就可以较长时间——大概半小时——关注一个事物了。但是对于这个问题的说法也比较多。因此不应该把这个数据当做标准值。

人们可以区分宝宝不同的注意力状态：

当宝宝注意力集中而且处于清醒状态时，最适合和他进行小的互动(图 3. 2)。

图 3. 2 一个四周大宝宝注意力集中而且清醒时的表现

宝宝有可能是主动，也有可能没有表现。他们有可能表现出适度的活跃同时寻找他人的目光，或者非常安静，仅仅通过目光来表达自己的兴趣。宝宝通过

- 目光接触
- 微笑
- 积极的声音

- 嘴巴发声和讲话的动作
- 适度的兴奋
- 张开小手臂
- 用双手或嘴巴研究物体

来邀请别人和他进行交流。这时候您就应该——如果您正好有时间也有心情——全身心地配合您的宝宝，让他来引导您。这并不是什么特殊的本领，也不需要特别去学习。如果您对宝宝的目光和微笑做出回应，跟随您的内心，轻轻地抚摸他，对他轻柔地讲话，那么您很快就能感觉到“心门打开”，想像力“被激发”。相处的时刻对您和宝宝来说都是独特的。

没有兴趣：反过来，宝宝通过

- 缺少目光关注
- 转移目光
- 不明确或不愉快的表情
- 不发出任何声音
- 疲倦或紧张

表达他对交流、游戏没有兴趣或不想继续下去（图 3.3 和 3.4）。这时候就没有必要继续和他互动，只需要仔细观察他接下来的行为就可以了。

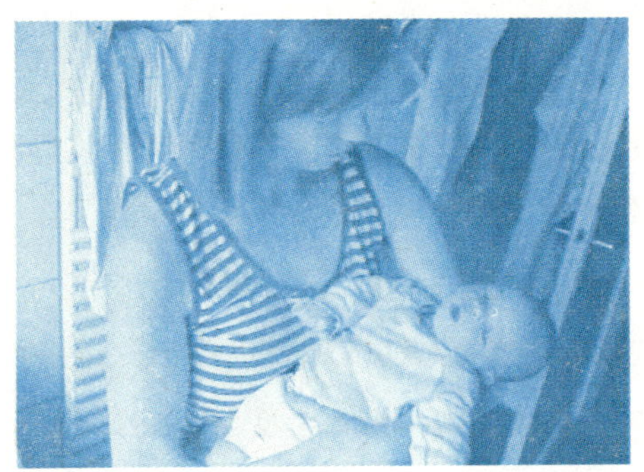

图 3.3 睡意和转移目光是缺少兴趣的标志

如果宝宝感到压力过大，他的信号会更加强烈：小家伙会把头转向一边来躲避别人的目光，他的活动加剧而且不太明确，有时也会急促地呼吸、哭喊，极端情况下还会大闹。

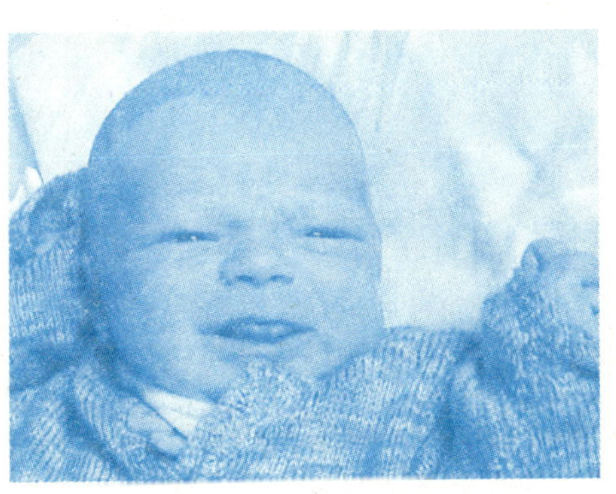

图 3.4 一个刚出生宝宝的生气表情

当宝宝无法承受环境的刺激(例如过度刺激)时，就会出现上述反应。如果超过了注意力的极限，宝宝的行动通常就会过度激动。此时您作为父母就面对了一定的挑战，有可能是出现了不确定因素，让宝宝产生了有东西不对劲的感觉，却无法找到原因。此时最重要的就是让自己的内心保持镇定，停止外部刺激，向宝宝传达：一切都很正常，可以平静下来了。

宝宝在经历短暂的交流以后会突然感觉到疲惫，这时他就会打哈欠，或者他的小眼睛会变红。如果他想睡觉了，那么小眼睛就会合起来(图 3.5)。

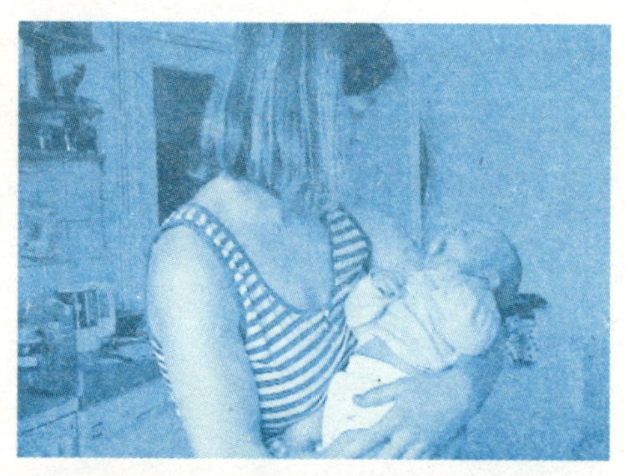

图 3.5 明显的疲惫信号：打哈欠

这种情况下您就不必等待他再次发出疲惫的信号，而是应该立即为他创造一个安静的环境，让他入睡。

注视行为——最重要的社交信号

宝宝最重要的社交信号就是注视行为。如果和他有了目光接触，那就代表："我现在对接触很有兴趣。"这种行为会使成年人产生愉快的感觉，人们会很想要和这个宝宝讲话，逗他，抚摸他，和他进行深层次的交流。

如果他把目光移开或者根本不打算和别人有目光接触，那就表示，他现在对交流一点兴趣也没有。在一段时间的交流中，宝宝可能会时不时地将目光转移开一阵子。这是自我调节的一个重要能力：在交流和共同的游戏中，宝宝神经系统的兴奋度不断升高，因为这个世界对他来说是全新的，他需要花费很大力气来感知、保持这种接触。尤其是目光接触对新生儿来说是相当令人兴奋的刺激形式。他用目光转移来告诉别人：他的注意力已经耗尽了，现在需要休息。这是一种暂时的“逃避”。当他休息够了——通常是几秒钟以后——他自然会重新和别人有目光接触，前提条件是，父母在宝宝目光转移时停止目光接触，观察并等待宝宝重新表现出愿意交流的样子。宝宝一般会通过重新有目光接触来表达这一意愿。

到这里，我希望邀请您做一个测试，以加深您对读过内容的理解。尝试完成以下的任务，方法是：

请观察每一幅图片并尝试回答图片下面的问题。

1. 请思考图片上的宝宝状态如何，他刚刚做了什么？

2. 然后找到宝宝用来表达自己感觉的不同标志。

3. 请翻译这些标志并且陈述一下，宝宝用他的信号想要表达什么。

在继续阅读之前，请首先进行独立的思考。您也可以把答案记在一张纸上。最后请比较您的观点和我的解释之间有多少相同之处。请利用下面这个例子作为一次尝试。

请观察下面的图片并回答下面的三个问题。

图 3.6

4. 照片里的宝宝给您留下什么印象?
5. 他用什么信号表达自己现在的状态?
6. 如何用成年人的语言来解释他的讯息?

我的答案是:

宝宝对对面这个看着他、对他讲话的男性很满意也很有兴趣。他保持和他的目光接触，也就是说，他的全部注意力都集中在这个男人身上。宝宝看着他，通过眼神和他保持接触。

可以认为，现在对他来说，没有什么比这个男人的面部、眼睛也许还有声音更有趣的了。他表达出有兴趣和愉快的信号。

这个宝宝想说："继续逗我开心，留在我的视线中和我保持交流，我觉得有趣极了。"

您的建议基本和我的答案一致吗？如果是的，那么您就可以开始完成下一个任务了。

观察下面的图片，在继续阅读之前请先回答以下的问题。

图 3.7

1. 照片里的宝宝给您留下什么印象?
2. 他用什么信号表达自己现在的状态?
3. 如何用成年人的语言来解释他的讯息?

我对图 3.7 的看法如下:

这个宝宝把头藏在妈妈的肩头。他的兴趣曾长时间地集中在前面站着的男人身上,之后就会停止和他直接的目光接触。在有关照片的视频中可以看到,他忽然将头偏向一边然后倚在妈妈肩上,之后从他的表情上就能够看到用力过度的标志。在这个图片上只能看到最后一个阶段,宝宝已经将头部转向了母亲。

目光的转移告诉我们,这个宝宝需要休息了。宝宝的注意力程度是十分有限的,他们需要比成年人更多的精力来消化所感知的事物。他们还不习惯去看、去听和去闻。宝宝的感知能力可以比作成年人的技能,而不是成年人自然而然的、熟练的感知。因此宝宝需要定期休息,让自己恢复过来。他们的眼神放空,不会集中在任何物体上。至于需要多长时间休息,这是由他们自己决定的。经过或长或短的休息以后,他们会重新开始和父母有目光接触,除非他们实在是太累了。

这个宝宝想说："看呀，这一切太令人兴奋了，都是新的，真让人紧张。但是现在让我休息一下吧，等我休息够了我们就可以重新开始了。"

休息和愿意共同娱乐——如游戏——之间是互相交替的。如果成年人能配合宝宝的节奏，那么就产生了相互作用。成年人给宝宝时间休息，等他注意力重新集中的时候，再转向宝宝。

没有得到片刻休息的宝宝（父母会因为宝宝将目光转移而感到被拒绝，认为应该为他提供更多），会从某刻开始抵抗这种过度刺激，会费力地尝试将头部甚至整个身体侧向一边。专业语言将这种反应称为主动避免目光接触。

有些宝宝会被动地避免目光接触。他们看着下方，把眼睑垂下来，避免接受太多的刺激。如果避免目光接触的情况常常出现，那么就是一个警示信号了。这可以和逃避行为相比较，是当刺激影响变成不可承受的负担时的一种逃避方式，这代表宝宝的神经生理的兴奋性急速上升。如果您观察到了宝宝避免目光接触（主动或被动）的行为，这时候您应该停下来，让宝宝休息一会，稍微克制一下自己，直到宝宝重新寻找目光接触。大多数情况下您还应该保持一定的距离，因为避免目光接触的行为很有可能是因为身体距离过近造成的。人们很有可能因此将宝宝的反应看作是对自己的抗拒，因此受到很深的伤害；但实际上并不是这样的。受到心理发展成熟状态的限制，这时候的宝宝还没有能力喜欢或讨厌一个人。无论他们如何表现，他们根本不会喜欢除了父母之外的其他人。在这种情况下，他想说的是："我现在不能继续了，请和我保持一定的距离，并停止游戏，因为我现在太紧张了。"

现在请观察图 3.8 并再次尝试回答以下问题。

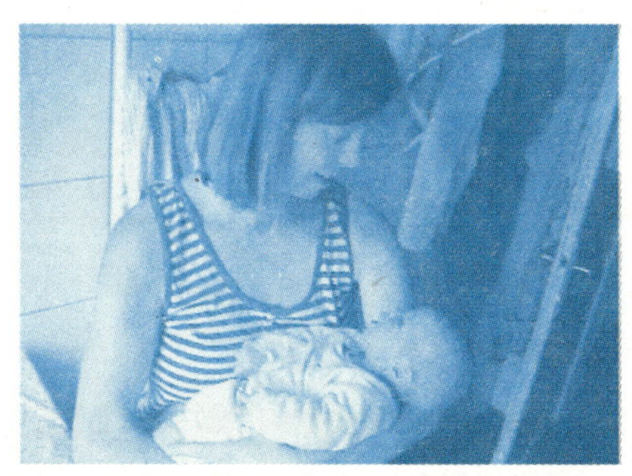

图 3.8

1. 您认为照片里的宝宝现在的感受如何？
2. 他用什么信号表达自己现在的状态？
3. 如何用成年人的语言来解释他的讯息？

对于图3.8，我的看法如下：

和图3.6一样，这张图片展现的也是宝宝和妈妈目光接触的片刻。这个宝宝显然很满足，他通过目光关注、张开的嘴巴、友善的表情和亲近的姿态表明，他想要和妈妈继续保持接触，和妈妈“交流”，倾听妈妈的声音并享受她的注视。

他的讯息是：“是的，我很喜欢和您接触，这一切有趣极了。”

现在请观察下面的图片，在阅读答案之前请先思考这三个问题：

图3.9

1. 您认为图 3.9 里的宝宝现在感受如何?
2. 他用什么信号表达自己现在的状态?
3. 如何用成年人的语言来解释他的讯息?

我对图 3.9 的解释如下:

在图片中我们可以看到宝宝主动的目光回避行为。这位母亲正在努力尝试和宝宝建立联系,她十分靠近宝宝,寻求目光接触,同时和宝宝讲话。但宝宝却避开了,他把头转向另一侧(也就是没有面向妈妈),用这种方式拒绝了和妈妈的接触。此外,眼皮下沉也是一种被动的目光回避行为。

在经过较长时间的共同玩耍和激烈、刺激的游戏之后,这个宝宝告诉我们,他有点累了。刚刚的接触十分有趣,和妈妈之前非常亲密。但是宝宝已经不愿意继续这个游戏了,他的整个身体表现出回避的姿态。无论妈妈怎么做,宝宝总是回避她,他甚至用上了自己的肌肉力量来逃开妈妈的目光。

这个四个月大的宝宝正在尝试用这种方式保护自己不要受到过度刺激。目光接触会让宝宝觉得十分兴奋。如果这种兴奋让宝宝觉得不舒服,他就会觉得过分疲劳,因此想要逃开。由于这里只能看到一张照片,所以只能推测出他的逃避动作，转向一侧。但是如果仔细观察的话会就会注意，妈妈向宝宝施加了轻微的力量，目的是让宝宝和自己接触。

而宝宝却想说：让我安静一会儿！我已经无法忍受了！

千万不要通过移动宝宝的头部或身体来迫使他接受目光接触，因为此时的宝宝十分需要休息。

概括地说，成年人应该重视宝宝的目光行为。宝宝的目光行为表明了他的需求。可以作为成年人在和宝宝交流时的重要“指导”。

最喜欢人的面孔

在前面的章节中就简单地提到过，宝宝天生就对人类的面孔感兴趣。新生儿甚至会被简单的人脸素描所吸引。他们长时间地观察这些图画，就像研究真正的人类面孔一样。当宝宝如此专注地观察某人的脸孔时，会让这个人产生积极的情绪，令人想要照顾他，因为这种行为常常被理解为交流的意愿。当然，成年人因为这种意愿而感到十分愉快！

宝宝如何表达他们的情绪呢？

新生儿会通过表情、姿势、声音和模仿行为来表达他的感觉或回应对方。在3.1中我们已经描述了婴儿的同步动作,他用这种方式来附和成年人的语言表达。这种行为被认为是一种模仿,其效果就像镜子一样。可以推测,宝宝接受了出现在成年人非语言行为中的情感模式。他们也会模仿他人的面部表情,有些表情甚至在出生的第一天就学会了。有些学者认为这种早期的模仿是认知的第一种形式。我们可以将他看做移情能力的前身。同样明显的是,一个宝宝会以他所接受和反射到的成年人的情感为指导。

最初的感觉:如何辨别婴儿出生时的微妙感觉?现在还十分不明确。新生儿和婴儿能感觉到什么?发展心理学的传统观点是,这时宝宝只能区分喜欢和反感两种情绪,具体视神经系统的易激惹程度而定。随着时间(和中枢神经系统的发育程度有关)的推移,这种相当粗略的情绪分类会像树的枝干一样不断分叉,因此出现了更细微的差别或情绪的中间阶段。

但目前还有另一种观点是,宝宝出生的第一周就产生了相当丰富的情感。一些研究发现,宝宝在出生的第一天里就能做出不同的面部表情。这说明,至少有一部分情绪(讨厌、惊讶、好奇)是宝宝很早就能够感受到的。其他的情绪将在宝宝一岁之前逐渐出现:四到六个周大时就出现了高兴,三到四个月后会表现出伤心和生气,害怕则会出现在六到八个月时。这里要再次强调:正常范围的跨度相当大。

婴儿的哭闹：这里我想重点谈一下宝宝的哭闹。所有的父母都希望能够理解宝宝哭闹的含义。哭闹是一种非常强烈的表达方式(图 3.10)。它和中枢神经系统的高度刺激程度有关。哭闹只能说明宝宝感觉不舒服，但是原因却不得而知。有些宝宝比其他宝宝哭闹得更加频繁，部分是因为他们与生俱来的气质因素。我将在第四章和第五章中解释这个问题。

父母常常会面临这样的疑惑：是否应该不去管他，让他这样闹下去？如果宝宝一哭自己就围着他转，会不会把他宠坏？但是如果对宝宝不管不问，又会不会对宝宝的心理造成伤害？在当前认知水平的背景下，可以做出以下解释：宝宝想通过哭闹来告诉我们些什么，正如其他信号(目光行为、表情和姿态)一样。因此留意他的哭闹并找到其中的原因十分重要。如果将出现哭闹时的环境因素考虑进去，就有可能找到原因。在宝宝哭闹之前发生了什么？小脸什么时候皱起来的？身体什么时候开始紧绷？小家伙什么时候转移目光或避开目光接触？最近发生了什么事情？但并不是每一次都能找到宝宝哭闹的原因。尽管如此，人们还是能够使宝宝安静下来。我的一个女同事把宝宝的哭闹比作电报。两者之间的共同点是：它们的内容都不是很详细，有时候人们不得不思考：它们到底有什么意义。

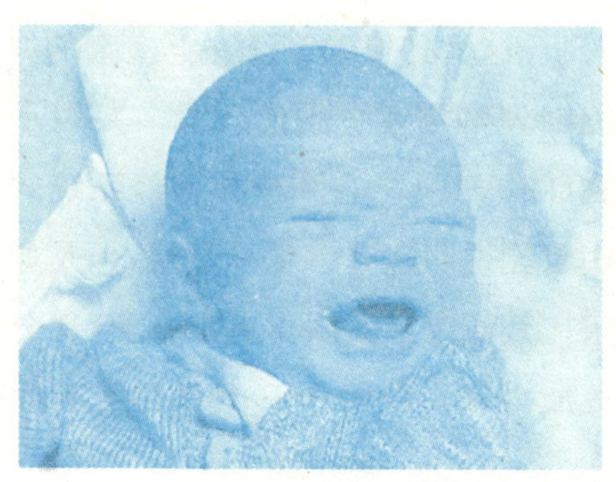

图 3.10 新生儿哭闹时扭曲的脸孔让我们感到紧张

尤其是前三个月，宝宝十分需要成年人能够了解他们想要表达的内容，并做出合适的反应。大部分母亲能在相当短的时间里学会根据声音来区分不同的哭闹类型，因此在大多数情况下能够采取正确的反应。但是当一个宝宝“不停哭闹”，那么就很难将不同的类型区分开，也无法将宝宝的哭闹归于某个特定的原因，因此也很难使宝宝安静下来。我建议，在宝宝刚出生的几个月里，应该尽量及时地对他的哭闹采取措施。但这并不代表，无论宝宝发出什么声响，您都要立刻将他抱在怀中。相反，区分声响和喊叫声并首先等待和观察，这样能给宝宝一个独特的机会去学习自我安慰。当声音开始变得急促时，您就应该意识到，宝宝现在无法自己处理这个问题，需要您的帮助。

在宝宝哭闹之前，他会首先发出不舒服、有压力或过度疲劳等信号。如果这些首先出现的信号能够得到及时、正确的回应，那么宝宝也就不会哭闹了。人们对宝宝的要求很容易就会达到他的极限，因此会分辨不出宝宝的疲倦，忽略要求过高的刺激和压力，这些都会让宝宝产生不愉快的情绪，最终通过哭闹来表达。在下面的篇幅中，我将告诉您一些识别宝宝压力的方法。

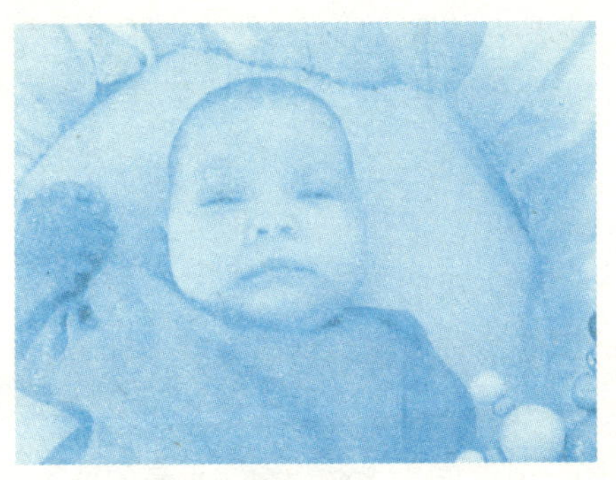

图 3.11

请观察上面的图片，借助这几个您已经熟悉的问题来解释图片上的情况。

1. 这个宝宝目前处于什么状态？他感觉如何？
2. 从哪些信号上可以看出来？
3. 如何用成年人的语言来解释他的讯息？

对于图 3.11，我的答案如下：

这个宝宝非常疲惫。小家伙的眼睛越来越小，几乎要闭起来了，他懒洋洋地躺在小床上——这些都是疲惫的信号。

大一点的宝宝还会揉眼睛，当他们感到压力过大或者疲惫时。但不是所有的宝宝都会有如此明确的标志动作，尤其当宝宝还非常小的时候。有些宝宝会突然变得不安静、哭啼或者吵闹，以至于人们完全不知道原因。出现这种情况很有可能是因为累了。

讯息：如果图片上的宝宝会说话，他一定想说："让我睡会儿吧。"这时候就应该将光线调暗并减少噪音（例如关上窗户）。如果此刻疲惫的宝宝正躺在您的怀中，心神不宁，您应该轻轻地摇晃他，同时发出能让宝宝平静的声音。如果他已经安静下来了，只要将他放在小床上，让他不受打扰地休息即可。让已经疲倦的宝宝保持清醒会让他感觉到压力。他有可能开始哭闹或很难安静下来，因为他很容易就过度兴奋。

有时候人们无法确定宝宝是因为累了还是饿了而哭喊。常常是，人们忽略了一些不太明确的疲惫信号，而认为宝宝是因为饿了而哭闹。很多父母能够从宝宝哭闹的形式上判断他的需要。可以这样认为，新生儿的清醒阶段很短，只有在这段时间里他们才能集中注意力，通常只能持续五到十分钟。一个几个月大或半岁的宝宝已经可以在半小时内保持注意力集中。

现在来介绍一下其他的压力信号，请按顺序观察图3.12、3.13和3.14并回答问题。

图 3.12

图 3.13

图 3. 14

1. 这个宝宝在三张图片中的感受如何?

2. 他用什么信号表达自己的状态?在连续的画面中发生了什么变化?(请试着模仿宝宝的面部表情来揣测宝宝的感觉,尤其是图 3. 14)

3. 每张图片上的宝宝分别想告诉我们什么?

我对这一系列图片的印象是:

这个两个半月大的宝宝因为某些东西而感到越来越不舒服。他的表情在慢慢地变化。图 3. 12 中,他兴致勃勃地看着妈妈手中操控的玩偶。第一幅图上,宝宝的脸部相当放松，眼睛睁得很大，小手也是张开的，嘴巴也很放松。这就说明，现在这种情况很吸引他，而且没有让他感觉到过分疲惫。

几秒钟过后，在图 3. 13 中，已经可以从宝宝的表情看出一些紧张的信号。宝宝显得十分焦虑，可以从他眯着的眼睛、有些下拉的嘴巴线条（和图 3. 12 比起来十分明显）和握成拳头的小手上看出来。

图 3. 14 中，这种表达更加极端：此时，眼睛、嘴巴以及整个小脸都皱得更加厉害。从照片上可以看到，他的额头皱了起来，眉毛挤到了一起，嘴角下拉，眼睛也眯了起来，眼角也向下。此时，宝宝的身体也相当紧绷。

最后一幅图片十分明显地表明，这个宝宝现在十分难受，好像快要哭了。实际上，刚才发生的事情对他的挑战太大了。也可以说，这个宝宝受到了过度刺激。宝宝显然觉得小玩偶很有趣、很令人兴奋，因此他长时间地盯着玩偶，无法将视线移开。这太令人兴奋了，以至于宝宝很快就会觉得不太舒服。这时他需要一些帮助。

这个宝宝想说："它太让人紧张了，我现在非常不舒服，但我就是无法转移视线，无法停止下来。"

在这种情况下应该如何帮助您的宝宝呢？

看起来应该将玩偶移开一段时间，直到宝宝平静下来，情绪变得稳定。

接下来请按顺序观察图 3. 15 和图 3. 16。再次思考这三个问题：

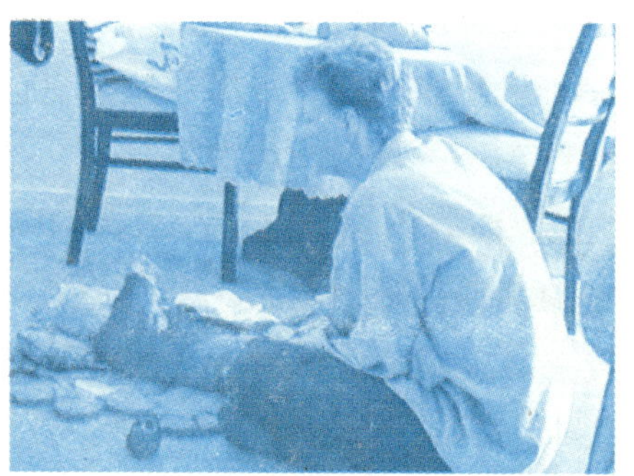

图 3. 15

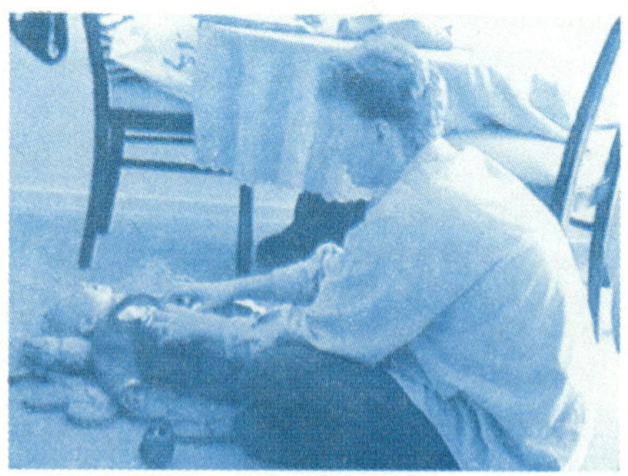

图 3. 16

1. 在您看来，这个宝宝感觉如何？
2. 他发出了什么信号？
3. 如何用成年人的语言解释他的讯息？

我的观点是：

过多的刺激对这个三个月大的宝宝提出了过高的要求，让这个宝宝感觉压力太大和疲惫。他的身体也说明了这一点：他向后弯曲，激烈地挣扎，整个身体都紧绷起来。图3.16中可以更加明显地看到宝宝小手臂的抵抗活动。图3.15中的现象是我们已经讨论过的（参见章节3.2）：这个小男孩将目光转移，他回避着妈妈的目光，身体过分打开，看起来好像想要逃跑。最后他开始啼哭。

宝宝通过行为告诉我们：“让我安静一下行吗！”

在这种压力情况下，您应该如何帮助自己的宝宝呢？

您应该停下来，让宝宝自己呆一会，和他保持距离，并停止您的努力。此时只需要观察宝宝下一步的行为。如果这个时候还想刺激他继续游戏，他不久就会开始哭闹。

在阅读下一点之前，请先考虑一个问题：

> 当一个宝宝不满或者哭闹，并且很难安静下来时，人们常常认为应该摇晃他，让他平静。他哭闹得越厉害，就应该越剧烈地摇晃他。但是我不建议这样做。原因是，对于宝宝的平衡器官来说，摇晃也是一种刺激。宝宝还要处理这种形式的刺激，无论程度是大是小。这表示，摇晃实际上并不能起到镇定的作用，反而让宝宝承受了更大的压力。摇晃也有可能成为过度刺激的原因。降低刺激度对于一个过度疲惫的宝宝十分有益。也就是说，人们必须停止所有的刺激，这其中当然也包括摇晃。当然大多数情况下您可以温柔地摇晃自己的宝宝来使他安静。

也许根据这些事例您会产生这样的印象，应该始终保护宝宝不受外界环境刺激，不能和宝宝玩游戏，或者应该让他远离一切会让他紧张的事物。人们很容易就会形成这种印象。实际上却常常可以看到，宝宝几乎没有或只有很少的休息时间，特别是大多数人都认为，刺激越多对宝宝的发育促进更大。谁不希望促进宝宝的发展呢？所有的父母都努力为自己的宝宝提供最好的东西。但现在人们知道了，盲目地促进而不去关注容易被忽略的宝宝的信号，很容易起到负面作用，让宝宝感到不安。因此我十分强调休息的作用。可惜的是，长期以来，这个观点却被忽略了。休息的另一个好处是，当您观察宝宝并试图理解他的信号时，您可以更好地认识您的宝宝。

请允许我用最后几个见解来结束关于哭喊的主题。正如已经提到的，不是在任何情况下都能使宝宝安静下来，因为无法找到他哭闹的原因或者因为他无法停止哭喊。这时候应该怎么办？对于您的宝宝来说，当他无法控制自己的不安时如果能够找到一个令人平静的支点而不是独自一人，将很有好处。重点是：保持自身的平静，因为宝宝只能“依赖”您的宁静来使自己平静。如果您因为宝宝的哭喊而受到刺激，感觉到压力而且不知所措，那么您的宝宝也会接收到这种不良电磁波信号，因此会继续哭闹下去。在出现莫名的或难以停止的哭喊时，可以用向宝宝传递平静的方式来帮助他，因为他会适应微妙的气氛磁场以及您的肌肉张力、气味、汗液分泌、姿势、表情和不安。也就是说，在某些状况下并不适合尝试使宝宝安静。实际上应该将宝宝交给伴侣或在场的其他人员，只要这个人可以信赖并能够保持冷静，重要的是首先使自己平静下来。

如果您是单独和正在哭闹的宝宝一起，您很容易因为他的哭闹而感觉压力很大，甚至产生了“教训”一下宝宝的想法。这时候就应该暂时将宝宝放在一个安全的地方，和他保持一定距离，直到自己从紧张和不安中“缓过来”。无论如何请不要摇动他或使他屈服于自己！这可能会对宝宝的发展带来灾难性的后果。让宝宝哭一段时间，在这种情况下不要对宝宝做出任何不好的举动。只要自己镇定下来，就可以继续帮助您的宝宝。您可能会需要一些帮助，可以打电话给您的伴侣或一个信任的人，通过聊天来使自己放松。也可以将这个人叫到自己家里来，避免自己和宝宝单独相处。

如果您长时间受到宝宝哭喊问题的困扰，请不要害怕寻求特殊救护车和咨询中心的帮助，目前在德国有大量的这类型机构，您可以在附录中找到他们的地址。在那里您可以获得他人的理解，感到放松，您的个人情况会被认真考虑。机构工作人员会和您一起寻找解决的方法。一般情况下，只需要很少的建议就能使情况好转。咨询中心支持预防性的咨询，也就是说，所有父母都可以去，包括那些还没有遇到明确的困难，只是不确定如何和宝宝相处或仅仅想咨询几个问题的父母。

控制自己行为的能力

自我调节是指宝宝对内心状态的自主影响。自我调节的目的是，以最好的方式适应那些刚开始会对宝宝的感觉产生太大影响的刺激。当宝宝的内心或外部环境中发生某些变化时，自我调节使宝宝可以或多或少地、有针对性地控制自己的行为。

自我调节是获得舒适的最好方法。最佳的内部激励状态反过来又保证了良好的感知能力和成功的学习过程。当宝宝哭喊的时候，他的自我调节无法发挥作用，这时候父母就应该协助宝宝。其实当宝宝表现出不安的时候，这已经是一个需要帮助的信号了。

显然，在调节情绪这一方面，宝宝刚开始时还十分依赖于父母的行为。父母的行为对于宝宝的调节来说是不可或缺的一部分。但是宝宝很早就具有了自我调节的能力，例如当他和父母玩耍时，会时不时地转移目光，这就是自我调节的一个例子。当宝宝因为令人兴奋的、有趣的交流或游戏而感到疲惫时，转移目光就起到了降低刺激程度的作用。吸吮自己的拇指或小手也是自我调节的方法之一，很多新生儿一出生就会这个动作。可以观察到，宝宝在感受到压力的情况下会更加频繁地做这些动作，而且父母怎样都无法制止他。

自我调节的另一个重要作用是帮助宝宝控制从清醒到睡眠的过渡阶段（睡眠 - 醒来 - 调节）。很多宝宝并不是一开始就能做到这一点，需要父母来帮助他们"停下来"。但是如果父母如果能在宝宝入睡的时间段降低周围环境刺激，调暗光线，减少噪音，并且避免过于激烈地摇晃宝宝，也不再鼓励宝宝交流，一段时间过后，宝宝就能学会发展出自己的"停止机制"。

同样也是在父母的帮助下形成了进食的调节。一般来说，宝宝表现出饥饿，父母会感知到，然后就给他喂食。宝宝会吮吸和吞咽得到的食物。但不是所有的宝宝从一开始就可以很好地控制进食，比如说，有些宝宝无法有力地吸吮，因此需要别人的帮助。

请观察下面的图片并思考：

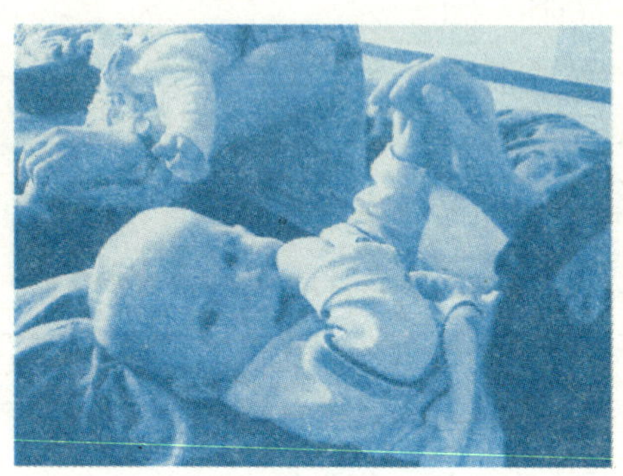

图 3.17

1. 现在这个宝宝感觉如何?

2. 为了表达自己的感觉,他发出了什么信号?您观察到了哪些表达方式?

3. 他的身体语言告诉我们什么?请用成年人的语言解释他的讯息。

我的看法如下:

这个宝宝正在吸吮自己的小手。这就表示,他正在试图减少自己内心的紧张和焦虑。一定是有些事物让他感到非常紧张,或者所有的一切都十分令人兴奋。一点也不奇怪,因为他的周围是一群带着自己宝宝的母亲。也就是说，宝宝听到太多(可能是很大的)噪音、声音(有可能是其他宝宝的哭闹)，看到太多新奇的东西，也有可能闻到了不熟悉的味道……宝宝需要处理太多的刺激，这对他来说是个挑战。这里的气氛和他所熟悉的家里的气氛完全不同。

可以这样翻译他的讯息：“这个环境让我紧张，到处都是令人兴奋的新事物，让我有了从来没有过的感觉，让我感到不安。”

这时候父母应该怎样反应呢？

这时让宝宝继续吸吮自己的小手就行了，他可以通过这种方式保持平静，在最坏的情况下也能阻止自己哭喊出来。有些宝宝在妈妈的肚子里就会这样做，而另一些宝宝在出生后几个月里才具有这个能力。宝宝要学习如何控制手臂，如何将手和手指移动到嘴边，在一段时间里，这种尝试都以失败告终，这是很令人沮丧的。如果您的宝宝还无法自己完成，您作为父母应该帮助他将拇指引导到嘴边。宝宝出生时，他们的神经常常是发育不完全的，因此无法正确、协调地控制自己的动作。如果父母能够指导他应该怎样做，会十分有帮助。

3.3 总结

出生时宝宝已经具备了多样化和多层次的感知能力和人际交往能力。他们可以看、听、闻、尝、感觉，可以感受到运动和内部刺激。

这些与生俱来的能力使宝宝可以和照料人“交流”。宝宝通过明确的信号表达出自己是否已经做好了交流的准备，是否已经因为过多的或过于强烈的刺激而感到紧张，或者是否感到疲惫。目光接触在这里起到了特殊的作用，因为目光行为最明确地表明了婴儿的兴趣。接受目光接触和对人类脸孔的喜爱会让成年人产生强烈的亲近感。这样就可以看出，早期的感知能力和关系以及自身的发展有着多方面的联系。

宝宝通过表情、姿势、模仿和声音来表达自己的感受。宝宝的哭闹也是一种社交信号，大多数情况下父母可以帮助他们安静下来。婴儿通过自我调节，可以或多或少地将自己的内心状态调整至最好的程度，这样也有利于成功的感知和学习。自我调节的方式包括转移目光或吸吮手指等。只有当一个宝宝具备足够的自我调节能力时，他才能独立入睡或顺利地进食。

婴儿的所有早期能力在他出生后都会继续发展。它们不断地扩展和完善，并且和整体的发展相互联系。这些能力和亲子关系的发展以及自我发展交织在一起，下一章中我们将了解到这一点。

4 宝宝一岁以前的发育和发展

在第四章里，我将向您介绍一些目前关于宝宝早期发展过程的科学观点。这里将描述宝宝在第一年中发生的多层次变化。对于父母来说，观察这段时间里宝宝的变化会让他们感到非常兴奋和充实，特别是当人们了解了这些变化背后的力量以后。

这一章会根据关于宝宝早期发展的不同见解分为几个部分。为了帮助读者真正地理解本章节中每一小点的复杂意义，我必须首先从远的说起。刚开始您可能会觉得理论性太强。但是如果结合宝宝早期大量的发展事件的话，就很容易理解了。我在第二章中已经尝试说明，不同的重点总是交织在一起的（例如关系发展和自我发展）。现在应该更详细地讨论这个问题。

但如果您在阅读本章时因为它的“理论性”而想要跳过去，也不会影响到您对下一章的理解。

4.1 发展究竟代表什么

在开始介绍孩子早期最重要的发展过程之前，我想先解释几个将会用到的重要概念。首先需要解释的是不断被我提到的“发展”这个词。发展究竟代表什么？

1. 有一点已经强调过了：发展是一个多层次的、广泛的过程。虽然感知、(自我)意识、智力、社会行为、感觉、关系、依恋以及个性都可以单独描述。人们人为地将这些不同的心智领域区分开来，但却忽略了它们之间互相影响(尤其是在早期童年阶段)，甚至互相依赖。当一个领域发生变化时，会自然地引起其他领域的变化。下面的例子应该能使这些关联性变得清晰。

宝宝的第一个微笑会引起父母行为的变化：他们的心情变得开朗，和宝宝交流愉悦的情绪。因为宝宝行为而引起的这种愉快和充满爱意的关照，还影响到亲子关系的进一步发展，这种关系又与依恋的发展有关。如果激起了父母愉悦、正面的情绪，那么宝宝会感觉到被认可，这就是发展自我认知的基础。宝宝发现："当我对妈妈微笑的时候，她就对我十分温柔，然后我们会愉快地交流，我感到十分舒适。"

2. 宝宝日益增加的活动能力促进了童年早期的发展过程。它让宝宝对世界有了新的认知，这种全新的经历让宝宝感到兴奋和紧张。这是一种新的挑战。宝宝因此产生了一种特别的、独特的感觉，这种感觉将在宝宝一岁之前逐渐发展。待会儿我会再次回到这个话题。爬的时候或站着的时候看到的事物与和父母一起躺着时所看到的如此不同，和他们之间的关系也发生了改变。此外，宝宝想要影响周围环境的意愿（自我实现）也越来越强烈。宝宝想要练习自己的新能力（例如爬行）。什么事情他都想试试看。自我实现的经历会让宝宝产生愉快的情绪。对于父母来说则意味着，要不断调整自己来适应宝宝，关注他的行为变化和亲子关系的变化，并且始终为这种变化做好准备。这也代表着不断告别旧的行为，因为宝宝最初的发展实在是太快了。如果觉得这并非易事，也是合情合理的。尤其是还要处理生活领域的其他问题时，人们的注意力受到限制，接受新事物的意愿也因此下降。

3. 发展可以理解为“展开”。就像花瓣一片一片绽放一样，宝宝也会不断发展出新的能力。神经生理的发育和经验不断交替地产生着影响。每一步之间的过渡并不是跳跃式的，就如人们可以任意大跨步一样。在很长时间里人们都认为发展是分段进行的。与此相反，发展的过程是漫长和稳定的。当一个阶段结束时，下一个阶段已经开始了，虽然刚开始时并不明显。某个发展并不会因为达到目标而停止。当一种新的能力发育完全时，宝宝就会产生利用这个能力的需要，并通过练习不断地改进这种能力。再后来这种能力就成为完成一个复杂活动的能力之一。早期的发展让宝宝简单的“起因－结果－认知”成为越来越广泛的能力，并最终成为宝宝的内心认知。不同的阶段之间没有明显的界限，一切都是互相交织的。我想通过举例来帮助您们理解。

新生儿刚出生时就有抓握反射。一段时间以后他偶然发现，通过一定的手臂、手和手指运动能够抓住一个物体或者让这个物体下落。他开始有意识地重复这个有趣的活动，不断尝试去抓住某个物体。但并不是一开始就能一帆风顺，因为宝宝还必须练习其他的能力（例如四肢的合作）。手臂、手和手指的运动必须配合不同的物体形状。通过不停地练习和适当的帮助，宝宝不断总结经验，渐渐地改进抓握运动。

除了抓握以外，宝宝还获得了大量对不同物体的感官经验。他同时在看、听、闻、摸索甚至“品尝”不同的物体，感受到了物体的尺寸、重量以及下降时的行为。这让他感觉到兴奋，知道了和父母在游戏时的感觉和行为。这其中也包含了亲子关系的发展。当宝宝得到一个彩色圆环作为玩具时，就会感到愉悦和高兴。这些看似附带的感知都和抓握运动紧密相关。

抓握运动会被保存在所谓的程序记忆中，也就是记忆中保存行为过程（＝程序）的区域。通过这种方式，宝宝逐渐发展出对不同事物和行为的认识，同时对这些物体做出评价。这期间所伴随的社交和心智经验（例如和父母游戏时对某一物体的感受）扮演了关键的角色。可以想像到，宝宝更喜欢那些和好情绪有关的物品，而不是那些他在不愉快时所认识的物品。

在很长时间里，抓握运动因为宝宝的练习和相应的发育过程（神经和肌肉群）持续发生着改变。不知何时开始，就已经不再是最开始的运动了。抓握运动中也越来越多地融入了对物体的认知。宝宝逐渐从心智层面“把握”了物体。再后来抓握动作会成为更高级行为的不可或缺的组成能力之一，例如修理物品。

已经发展的和已经被当做“经验”保存的能力被不断地再加工。发展其实是现状的一种不断发生的“变化”（transformation）。在下一节中将更深入地描述这个观点。

4.2 宝宝如何学会控制自己的感觉

在宝宝一岁之前，可以区分出两个明显的、广泛的发展阶段。我在下一节中将介绍这两个阶段。我所说的是不同的发展层面（专业术语：组织水平），指的是经验在宝宝意识中的归类。但组织水平这个概念所包含的意义更为丰富：因为在每个发展阶段中，经验都会被反复地重新归类。这在生命以后的阶段也会发生，只不过所需的时间要长得多。请允许我在这里总结一下，如何理解一岁之前宝宝的世界和不同发展层面之间的联系。

在此之前有必要先解释一下另一个概念：什么是行为

调节？

在第二章中我就已经提过这个概念：宝宝的自我调节，这是他控制自身行为的前提条件。一个能够控制自己内心的焦虑、让自己感到舒适的宝宝可以很好地调节自己，而且能够运用恰当的动作和其他形式的身体语言来表达自己。在这一方面，中枢神经的作用十分重要。如果宝宝能很好地自我调节，那么他在半岁之前就能建立起自己的“白天-黑夜”节奏。一到睡觉时间，他们就能够减少内心的兴奋程度，使自己很快入睡。如果在白天感到了疲乏，他们也能很容易从醒着的状态进入睡眠状态。在进食方面，他们能够明确地表达出饿或饱的信号，可以很好地吞咽和消化食物。当他们感到不安——无论是因为强烈的刺激、环境改变还是陌生人——他们会开始吮吸拇指并且通过上述机制来降低自己的兴奋和焦虑。当然一个“自我调节能力强的宝宝”也会遇到极限，他们无法承担无休止的压力。但如果人们将他们抱起来或者敏锐地作出反应，他们能够很快地恢复平静。具有良好先天条件的宝宝一开始就能独立进行自我调节，而不必首先学会某种控制能力。

而很多宝宝却必须在出生后的第一个星期里获得控制自身状态的能力（注意力、睡眠、醒来、进食）。只有当他们能够控制运动过程和生长过程时，才能调节是否和在什么时候吸收环境的信息并对此作出反应。他们可以通过自己的行为或多或少地表明，自己是否准备好进行交流和游戏。在生命的开端这是一个不可轻视的挑战。

缺乏自我调节能力的宝宝在以上方面都表现得很弱。一般情况下，他们很容易就会受到刺激，而且也不太会自我安慰，一旦开始哭喊，父母也很难让他们安静下来。这里要再次提到宝宝的气质，关于这一点我们将在下一章中详细阐述。

自我调节的能力对宝宝的所有行为领域，包括游戏和交流中的行为产生影响。所有新生儿和宝宝的发展都需要帮助。这首先由父母完成，然后父母的努力（特别是安慰）会被宝宝内化并发展出自己的能力。内化代表宝宝形成了自己的概念，而且可以独立地运用这种概念。因此在最初的阶段，父母对宝宝的反应十分重要。

宝宝的社交开端——第一个发展阶段

这个阶段从出生开始一直延续到宝宝二至三个月大时。我将从感知、社交行为、意识和感觉等心理领域来描述这个阶段。

感知：在第三章中就已经描述过新生儿不同的感知能力。宝宝的经验范围不断扩大。一定要记住，“灌输得越多，学会得越多”这句话并不成立。人们常常误以为，为宝宝提供的玩具越多，就越能促进宝宝发展。因此宝宝不断受到新的刺激。有一点常常被忽略，一个宝宝的感知和感知意愿等同于成年人的工作能力：感知消耗了宝宝的精力，会让宝宝紧张，特别是当感知还无法自主地进行时。因此需要考虑到：只有当感知经验嵌入了宝宝的感觉经验时，他们才能自由地运用感知。如果父母采取的行为合适，他们会帮助宝宝减少因为感知而产生的焦虑。

也就是说，如果父母能够敏锐地察觉和理解宝宝的信号，那么他们就能帮助宝宝自我调节。宝宝的信号对于照顾他的人具有决定性作用：他是想要那个玩具呢，还是想要交流？他是需要什么新的玩具的刺激，还是对已经指给他的物体仍然感兴趣？宝宝能够决定并告诉照料人，他需要多少刺激和改变。每个宝宝都有自己的极限、节奏和速度。宝宝眼睛和头部的活动告诉我们，他对什么产生了兴趣。关于这一点，在第三章中已经讲得很详细了。

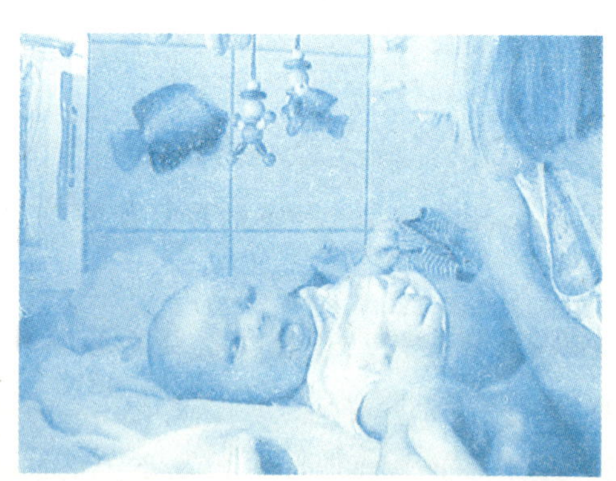

图 4.1 宝宝和妈妈目光接触并模仿妈妈的嘴部动作和声音

最初宝宝会对父母的脸和声音很感兴趣。两三个月以后，他们才会对其他的物品产生好奇。对于脸部和声音的偏好使宝宝和父母之间发展出了一种关系，这种关系后来随着宝宝对周围环境兴趣的增加成为一种“安全基础”（参看3.3）。

图 4.2 这时的宝宝觉得手机有趣极了

社交行为：感知能力和记忆力的发展最初受到了神经系统组织发育过程的强烈影响。大概在第三个月时，神经系统的发育会让宝宝发生明显的改变。可以从宝宝的社交行为中明显地看到这种新的发展状态。现在，宝宝可以控制自己的头部姿势了，因为他的颈部肌肉组织已经足够成熟。再加上视觉系统的成熟，使宝宝能够控制并有目的地使用目光行为，从而和照料人建立目光接触或向他们传达某种信息。除此之外，在这段时间里宝宝还学会了社交式微笑，在这之前，宝宝的微笑仅仅是一种反射（“天使般的微笑”）。宝宝的行为调节也发生了变化。父母觉得宝宝变得更加清醒和易于亲近，而且能认出自己。他们忽然可以和宝宝一起完成更多的事情，和宝宝的关系更加紧密。父母把宝宝新的行为方式当成自己努力的一种回报，因此改变了对待宝宝的行为并且为宝宝创造了新的发展激励。

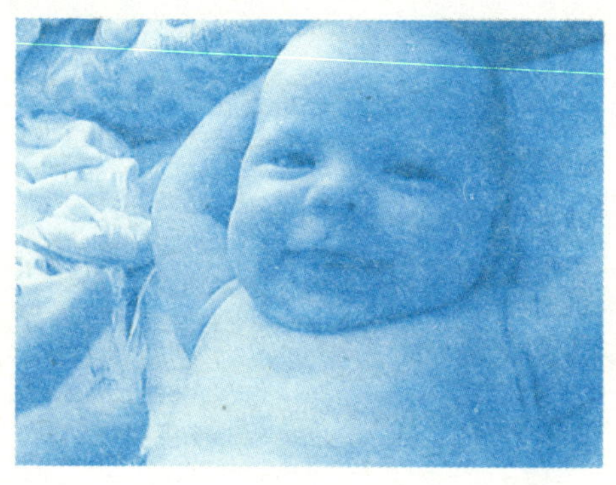

图 4.3 一个四周大宝宝的微笑令人感到愉快

一般情况下，双方的行为改变能够促进彼此的关系和配合。人们只有先认识自己之后，才能更好地理解自己。实际上，这正是从稳定的依恋关系发展成为宝宝后来的自立的第一步。也是这个时候，宝宝的哭闹开始变得不那么频繁了。由于神经的不断成熟，他可以向父母更加明确地表达，父母能更好地体会宝宝的感受，因此能够做出适当的反应。

意识：一个两个月大的宝宝的意识远比能够从他的行为上所观察到的要多。除了身体上的大量变化（特别是神经系统)之外,宝宝的自我感知也在发生着改变。下面将描述两岁之前自我感知的不同阶段。宝宝极有可能在刚出生时就具有了自我感知(自我感觉)的能力,尽管最初人们都认为这种能力是“忽然出现”的(《明星》报,2000 年第 50 期)。也许宝宝在刚开始并没有一个完整的自我感知,但仍然可以观察到,宝宝在尝试着将单个的、零散的经验和感知归纳成一个整体。他一开始就能区分新事物和已经熟知的事物,能够建立关联性,并努力将自己的经验汇集成自己独特的世界观。

此外,父母在宝宝两个月大时就能注意到的相关改变,也和宝宝自我感知的变化有关。同时,就宝宝而言,新的自我感知也会带来改变。新发展阶段的成就在于,宝宝能够越来越多地将自己和其他人区分开来。其前提是首先要能感知自己的身体。通过观察可以确定,在现在所描述的发展阶段,婴儿已经能够感知自己的身体,无论是外部还是内部。他能够感觉到肌肉张力、关节的相互位置、需求(饥饿、口渴、需要睡眠)和感受(触摸或疼痛),这些都属于内部感知。外部感知包括看到自己的身体部位,听到自己的声音,触摸自己的身体表面,感觉自己的体温以及闻到自身的气味。内部和外部感知又进一步结合成为完整的自我感知,将不同感知结合就形成了身体方面的自我感知。

宝宝在观察自己身体部位的活动时,也就同时获得了内部和外部感知。这样就很容易理解宝宝大量的身体动作,例如当他们独自躺在小床上时,会(同时)观察和活动自己的小

手和小脚丫，或发出声音，然后学会拉扯自己的四肢或头发，用嘴来“研究”物品，拍打自己的小肚子或大腿。成年人觉得这些动作十分好玩。而对于小家伙来说，不断获得新的感知并将它们互相联系起来才是有趣的地方。观察您的宝宝在自己身上的尝试吧。您也可以参与到这个意义重大的认知过程中。

研究结果表明，身体的自我感知始于两到三个月时。其他人能够从宝宝自信心的变化上观察到宝宝自我意识的提高。这时父母感觉到，宝宝开始把他们作为人类看待了。原因是，宝宝能够感受到自己的身体，能够将自己和其他人更好地区分开。

情绪：宝宝很容易受到“感染”，这和他们内心感觉有关。他们还不具备成人规模的内心感觉极限。父母越来越感觉到，当自己紧张的时候，宝宝也会变得不安。也就是说，宝宝能够敏锐地察觉到父母内心最轻微的波动，而且常常是连父母自身都没有意识到的波动。内心的极限是在发展过程中逐渐建立起来的，其前提是认可经验和反射。

从一个刚出生的宝宝身上，尤其是从他的面部表情上能够识别出很多不同的情绪：愉快、兴致、厌恶和惊讶。六周大时开始出现了快乐，三到四个月大时出现了伤心和生气。宝宝六到八个月时开始第一次产生害怕的感觉。但是，这时候的感觉和成年人的感觉意义不同。因为通过不断的变化阶段，人的情绪和感觉会发生相当大的变化。在研究中，人们对于上述感觉的发展顺序争议很大。

在两个详细的理论段落之间，我想插入两个小练习作为调节。

请观察下面的图片！

图 4.4

1. 这个四周大的宝宝感受如何？

2. 他发出了什么信号来表达自己的感觉？通过表情表达了什么情绪？（请模仿宝宝的表情，以便更好地体会他的意义）

3. 他的讯息是什么？

请在继续阅读之前首先回答所有问题。

我的答案是：

在这张图上，我们看到宝宝的表情拉了下来，表示现在很不愉快。他可能缺少了什么或觉得某些东西太多了。

他想告诉我们：“我现在一点也不舒服。”

只有考虑到了环境条件和情景才能理解这其中的原因。表情本身并不能给出任何线索。

怎样才能让宝宝变得更加满足呢？

也许他是因为饿了。如果宝宝饿了，那么当然很容易就会变得不高兴和疲惫。这种情况下应该给他喂食或喂奶。

但是这个年龄的宝宝如果觉得不舒适，很有可能是因为他的感知受到了过多的环境刺激和交流，因而感到过度疲惫。最好的方法是为宝宝创造一个安静的环境，让他休息片刻，直到他再次通过目光或友好的表情表达出自己对于交往的兴趣。

现在请观察图 4.5！这是需要回答的问题。

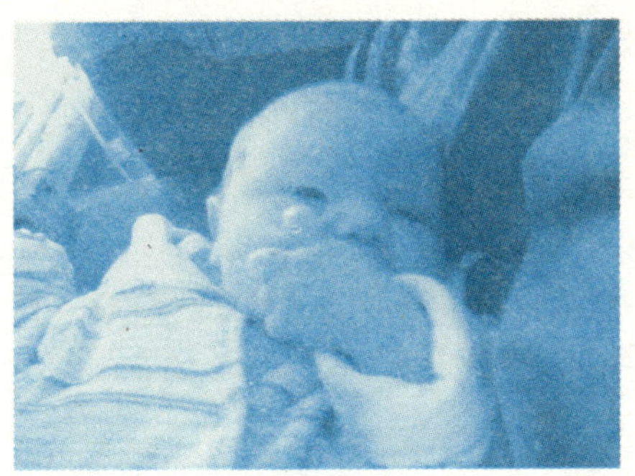

图 4.5

1. 现在这个宝宝的感受如何?
2. 他发出了什么信号来表达自己的感觉?
3. 他的讯息是什么?

我的答案是:

图 4.5 中的这个宝宝已经好几个月大了,他正在吮吸自己的手指。他表现得相当轻松,情绪很好。这一点可以从他十分放松的姿势和表情上看出来。他虽然有点严肃,但没有不愉快或将自己封闭。

您已经读过,当宝宝吮吸自己的手指时,说明他正在尝试控制自己内心的兴奋。可以看到,他的目光对准了某个物体。也许就是这个物体吸引住了宝宝，让他觉得十分兴奋。

用成年人的话来解释他的讯息：“我现在正在观察的东西十分令人兴奋。但是再多的刺激我可就受不了了。如果能有一些让我放松的东西就更好了。”

“孵化”——一岁前的第二个发展阶段

物体存继性：请不要被这个专业名词吓住。这个难以理解的名词指的是：在生命的前半年中，只要当一个物体从宝宝的视线中消失了，它对于宝宝来说就不复存在了。原因是，必须先在精神上建立起物品类别（分类），将相应的物品归于这些类别中，其前提条件则是经验和学习过程。建立分类伴随着记忆力的发展，它和感官经验以及大脑组织发育紧密相关。一般情况下，六到八个月后，宝宝就能够回忆起某个物体。刚开始在很短的时间内记住某个物体，八个月后他开始主动寻找从视线中消失的物体。这时候，如果人们指给宝宝一个物品，然后用一块手帕将这个物品盖起来，宝宝就会尝试将手帕拿掉并找到这个物品。小一点的宝宝则不会寻找被遮盖起来的物品，就像有句话说的那样：“眼不见，心不烦。”他们还不知道物体具有存继性，认为没有什么物体是一直存在的。物体存继性代表宝宝已经发展出了对物体的概念并将其储存在自己的记忆中。12 个月大以后，宝宝能够在很长时间内记住一个从视野中消失的物体以及它的外

部特征。

人的恒定性：这个词听起来也有点让人害怕。它所描述的是下列事实：当宝宝有了这样的经验，即使不能再看见一个物体，这个物体仍然存在，那么他也会越来越感受到不同事物和不同人之间的区分。宝宝在八个月大左右时开始怕生：陌生人的目光会让宝宝产生这样的感觉："这个人不是妈妈。"这就会引发他对自己妈妈的需要。宝宝希望得到妈妈的保护，因为妈妈是自己存在的基础。也就是说，当有陌生人在场时，宝宝会表现得不安、焦虑或者害羞。让整个家庭感到吃惊的是，之前那个一直很友好、对所有人都充满兴趣的宝宝（好像忽然）变得不同于以往了。他会回避陌生人，想要逃开甚至会哭泣。这时他需要确认，例如通过目光接触，自己在妈妈的怀中或者至少在妈妈的身边。许多宝宝在妈妈怀中时又会重新对陌生人产生很大的兴趣，他会再次微笑，因为他的好奇其实并没有消失。在"依恋发展"这一主题中我将再次回到这个问题：由于妈妈带来的安全感，宝宝又能无忧无虑地探索周围的世界。自我感知的不同范围（身体和心理）能够作为一个整体被感知，其中记忆起到了不可或缺的作用。现在，宝宝已经对自身有了一个概念，可以进行先进的"思考"行为。

在快要一岁的时候，宝宝已经能够集中不同的自我感知。他开始建立对自己的认识，就像他理解其他的物品一样。

知觉：在第一年的最后三分之一时间中，这种经验使宝宝的认知发展出两个新的机制。通过理解物体存继性以及人的恒定性，宝宝能够更好地将自己和其他人区分开来。只有这样，宝宝才能进入更深层次的互相交往的阶段。宝宝越能将自己和环境区分开，他的组合经验就越强烈。和他人之间的共同经验渐渐地发展为移情能力——这一发展大约会出现在宝宝一岁半时，但是移情能力的前身在宝宝一岁之前就已经存在了。宝宝越能将自己和他人区分开，并感受到自己作为一个独立的个体，就越容易体会到他人的感觉。

在生命的其他发展阶段中，自身的独立性也在不断发展着。也就是说，宝宝会经历越来越多的分离事件，但同时也获得了更高的自我调节能力。

感情：如今有很多理论家认为，宝宝一出生就能感受到不同的感情，只不过人们一般不把这种早期的感受称为感情。宝宝的感觉更多是围绕着舒适和不舒适的不同刺激程度，这种感觉将在进一步的发展中继续进化。但是可以认为，情感感知的特定部分和伴随着的神经系统的活性在整个生命过程中的变化相对较小。一个小宝宝的快乐和成年人的快乐意义相同。尽管如此，还是应该从情感经历中的显著变化出发，这种显著变化来自于在生命最初的几年里获得的“自我功能”和符号化能力。“自我功能”包括对现实的控制、防御机制、移情、感知、记忆、思考、自我调节、自信心、关系调节等，也就是说人类意识为生存和解决问题所提供的所有能力。自我功能关系到事件的意义。它们在很大程度上又依赖于照料人和宝宝的相处方式，同时也会受到相处方式和其他特定条件的共同作用。

什么时候开始，宝宝经历的情感和大一点的孩子以及成年人的情感类似？通常认为是出现在宝宝九个月大的时候。在这个时间点，宝宝的心智发展已经十分成熟，他已经可以建立起物体和事件的分类。基于重复的经验，这些分类具有了特定的意义。这一过程被认为是思考的前身。内心情绪的感知也因此发生了改变。

情绪刚开始是由感觉印象触发，后来则是事件（以及物品）和经验之间的关联性引发了情绪或情感。

4.3 依恋的发展

“依恋”在过去几年里获得了十分重要的意义。关于依恋的研究已经成为发展心理学的一个独立学科。在以下的篇幅中我将简短地介绍一下这一研究领域的认知现状，这些研究目前十分具有指导性。

情感联系能力是依恋的前提

依恋的前提是建立父母和宝宝之间的亲子关系。这个过程需要时间，因为双方要慢慢地互相认识，寻求能够照顾到双方所有需求的相处方法。亲子关系的情况会影响到之后的依恋，而依恋将出现在宝宝一岁之后。双方之间如何相处又反过来影响到关系的建立。在宝宝的发展过程中，双方的相处模式由于不断出现的新需求而发生改变。

1. 在前三个月中，宝宝身体机能的发展最为重要，必须要适应新的环境。这段时间里更加重要的是一些基本过程的稳定，例如消化和排泄、进食和睡觉的稳定规律或稳定的体温。宝宝渴望得到保护和紧密的联系。照料人能够帮助宝宝进行自我调节。他们配合宝宝的规律和需求。从这一方面来看，宝宝和父母形成了一个整体。对于宝宝来说，父母的脸和声音是最有趣的环境刺激。他对父母很感兴趣，而且完全依赖于父母的照顾和关心。这种照顾的可靠性、对宝宝需求的感知能力以及让宝宝平静下来的努力成为宝宝发展出自我感觉的关键。

2. 在第一个发展阶段以后，大概在四到六个月时，宝宝的社交信号在别人眼里变得越来越明显，宝宝也逐渐发展出了意图。他开始尝试取拿物品或表现出特定的情绪，从中他第一次获得了自我实现感。也就是说，当他做出特定的行为，就会得到特定的结果。宝宝开始感受到自己对他人产生的影响，并且感觉自己有些更加独立。他的兴趣越来越转移到周围的环境上。这时，父母的功能也发生了变化。他们现在变成了宝宝的助手，根据宝宝情感信号（表情、情绪）来满足他的需求。宝宝越来越喜欢研究他人的反应。儿语和游戏的中心不再是父母，而是物体。父母把物体递给宝宝，拾起掉在地上的玩具，将它取给宝宝并指给宝宝看。目光接触中的交流不再那么重要，因为宝宝迫不及待地要研究整个世界。因此陌生人以及其他所有的新事物都显得十分有趣。

父母能够帮助宝宝，并协助他探索这个世界。

3. 在下一个发展阶段，宝宝的活动能力增加（爬行、抓），这时候他又对父母的亲近产生了渴望。新的能力让他感觉到自己和父母的分离，这让他感到不安。因此当他在向前移动、远离父母或者想要尝试和发现新事物时，就不断需要父母的肯定。怕生和对父母反应的配合越来越重要，因为这就是宝宝表达对亲近和安全需求的信号。当宝宝到了这个年纪时，应该更加经常地被父母抱在怀中。当他们向陌生的世界跨出勇敢的一步后，需要父母给他加油打气。一个所谓的“过渡客体”对于宝宝的小小旅程来说很有帮助。它可以是宝宝最喜欢的棉布玩具、带有妈妈气味的手帕、一个泰迪熊或者其他柔软和温暖的物品。当宝宝觉得不舒服时，过渡客体可以起到代替相应人员的作用。当宝宝独自入睡或游戏时，过渡客体就成为了此人的替代品。在会让宝宝首先感到不安的情况或类似情况中，一个可爱的宠物也可以帮助宝宝平静并调节自己的行为，以获得内心的安全感。

4. 当宝宝终于开始独立站起来，不久之后能够走动时，他会觉得自己伟大极了！他认为，爸爸妈妈能办到的自己也能办到，他开始使用父母的物品，模仿父母的行为，想要尝试父母吃的食品。宝宝很享受在没有帮助的情况下在房间里走动，探索周围的环境，想要独自完成很多事情，也常常遇到极限。对于父母来说，这是个很大的新挑战，因为照顾宝宝现在是一件很费精力的事。这一发展对宝宝来说也是一个挑战:他很容易兴奋,无法克制地跟随着自己的意图。宝宝产生了独立感,宝宝的情绪信号变得更加强烈和极端。在需要或拒绝某些东西时,这个年龄的宝宝会更容易陷入“失控”的状态。通俗地说,这一阶段也被称为“第一个反抗期”。这段时间里常常出现冲突和矛盾,而且通常伴随着宝宝固执、强烈的哭闹。会意的、敏感的父母对宝宝自我调节的帮助极其重要,能够确定宝宝发展的渴望,并且在危险情况中为宝宝设置界限。专家认为,在第一年结束时,父母和宝宝之间发展出来的关系才能称作依恋(4.3.2)。

5. 通常在大概一岁半到两岁时,宝宝的语言能力有了显著的发展。语言能力促使宝宝产生了全新的分离感受,宝宝首次出现了自我意识。这又导致了新的不安全感,因此对父母的支持又产生了强烈的渴望。父母能够使宝宝的疑问,例如“爸爸妈妈在我身边吗?”“我属于哪里?”“我是安全的吗?”得到确认。通过和父母之间的相处,宝宝获得了最初的社交准则。这时候,语言就像是宝宝的一个玩具,因此他会常常提出问题。

6. 这些过程在以后的时间里会继续发展。大多数情况下,在宝宝两岁时会出现所谓的“语言迅猛发展的阶段”。也就是说,宝宝在很短的时间里能够学会很多的新词和它们的用法。他们现在可以用语言来表达自己的活动。这也代表着对物体和事件提出了更多的问题。他们也开始学会用语言表达自己的内心愿望和感觉。无所不能的感觉再次出现,因此又开始常常感觉到挫折。父母需要更加频繁地为宝宝设定界限。“第二个反抗期”出现了，在这个阶段中，宝宝和父母再一次因为极端情感而发生矛盾。在这段时间里，父母需要帮助宝宝获得内心的稳定。这个年纪的宝宝虽然认为自己很厉害，但还是很容易感觉到不安，因此需要依靠自己的父母。他需要父母，因为父母能够理解和接受他的需求和渺小，但仍然认为宝宝很“了不起”。在这段时间里，设定界限对很多父母来说都不是一件容易的事。原因很可能是，当人们还是孩子时受到了太大的限制，因此不希望自己的宝宝重蹈覆辙。换言之，人们认为不能拒绝宝宝的要求，因此感觉到很快就被宝宝所“控制”。如果一个宝宝对父母的控制力太大，那么他很容易会感到过度疲惫。除此之外，父母会陷入这样的情景里，由于自身压力过大而对宝宝设立了不合适的界限，甚至使用暴力。从婴儿咨询时间中获得的经验对划分清晰的界限来说十分重要，这个界限由父母设定，是宝宝和父母的需求之间的一种折中。

7. 大约到三岁的时候，宝宝已经成长为聪明的社交人。他们开始变得能够理解别人，并且能够和他人一起工作和完成计划。他们知道自己能做什么和不能做什么。如果他们曾经的依恋经验大多数是正面的，那么他们能更加确定父母的爱和保护，而且非常享受这种关系。他们能够处理自己的需求，可以集中精力玩游戏、学习新的能力以及和其他宝宝交往。

关系能力的建立就像所描述的顺序那样进行，同时伴随着感情平衡的获取。在刚开始时，这更加依赖于父母的行为。安全和不安的阶段不断交替。当宝宝因为一个成就而感受到胜利的喜悦时,他又会再次面临一个新的、不可战胜的挑战,因此需要帮助,并感觉到了自己的不独立。不可战胜的感觉和不独立的感觉互相交替。在这个紧张区域,宝宝会经历极端的情绪波动。三岁之前,宝宝在父母的协助下学着控制自己的情绪。父母能够帮助宝宝控制过于强烈的感觉。

如何理解依恋的意义?

为了更好地解释依恋的重要性,我将首先解释几个名词概念。依恋是宝宝和父母或其他长期照顾他的人之间的一种特殊关系,它产生于情感,将个人与另外一些特别的人长期联系在一起。依恋是一种情感纽带,表现了幼儿和他最喜欢的照料人之间的关系。可以这样推测,宝宝对发展和主要照料人之间的感情依恋的生理需求和人类的进化有关。依恋确保了物种的继续生存。依恋理论认为,宝宝在一岁之前以一种特殊的方式与照顾自己的人联系在一起。这个人和宝宝相处时感觉细腻,但并不一定是母亲,也可能是父亲或其他人。照料人用细腻的语言陪伴宝宝也十分重要。

父母对宝宝的依恋很早就形成了。而宝宝对父母形成稳定的依恋却是在接近一岁的时候。只有当宝宝的情感区域已经经历了基本的发展,并且首次出现了情感,父母和宝宝之间的关系才得到升华。一般情况下出现在宝宝七到十个月时。这个时候才是依恋的开始。因为此时宝宝才知道人和物品都具有存继性。在这之前用“关系”更为合适。

关系就是这个时间点之前的父母和宝宝之间相处的整体。从之前的相处经验中可以明确关系的重要性。依恋是由关系发展而来,因此有时候也被称作依恋关系。

哭、笑、抱和模仿被认为是宝宝典型的依恋行为。这些行为方式的根源在于进化史中的遗传物质,可以触发父母为配合宝宝行为的典型行为方式。当宝宝哭泣的时候,人们就想抱起他、安慰他;当宝宝笑的时候,人们受到了很深的触动,满心欢喜,对宝宝露出笑脸,和宝宝讲话:抱住和模仿会让父母产生为宝宝创造安全感的需求。

根据我们对依恋的描述,绝对不是只有母亲才能成为宝宝的依恋对象,也有可能是和宝宝共处时间最多的人。因此宝宝也有可能和爸爸之间的依恋更为强烈。其他人(祖父母、其他照料人、兄弟姐妹)也有可能促进依恋发展,尽管相比父母来说比较弱。关键仅仅在于,宝宝的社交环境中有一个人能让他感觉到安全和被保护。

依恋和好奇并不是互相排斥

宝宝在一个良好的依恋关系中能够感觉到安全感和受保护感。对宝宝来说，对照料人的依恋是一个基础，能够提供保护和支持。当宝宝因为活动力的发展能够远离依恋对象时，依恋的持久性会更加明显。宝宝开始在依恋的基础上探索周围的环境。在这期间，他必须确认依恋对象就在自己的周围，当他需要时，可以随时回到依恋对象的身边，或者依恋对象可以靠近他的身边。

如果没有发展出良好的、持久的依恋关系，宝宝对亲近的需求会大过对探索的需求。宝宝对依恋对象越信任，就越能愉快地、有兴趣地关注一段距离以外的某个令人兴奋的东西，因为他能不断地得到鼓励。宝宝通过四处张望来寻求依恋对象的肯定和鼓励，并因此得到了安全感。如果距离太远，对于亲近的渴望就会增长，宝宝会爬回或跑回依恋对象身边，以得到他的情感鼓励。因为新的事物十分令人兴奋，但是也让他感到紧张。这个时候宝宝就需要得到安慰。只要他获得了足够的安全感和受保护感，他就可以再次关注那些不熟识的事物。这种关系可以用一个天平的图片来形象地表现(图 4.6)。“在依恋探测系统”中，两个方面不断交替地占据主要位置，也就是寻求保护、亲近的需求和探索新奇世界的需求。这时候就应该为宝宝创造一种平衡。图片中表现的是当依恋需求占优势的情况。

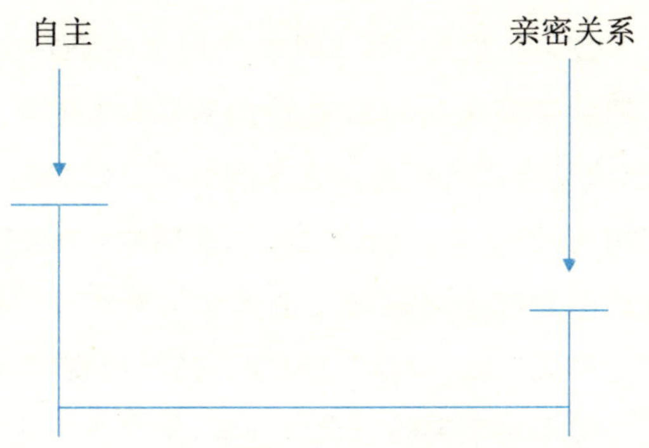

图 4.6 天平偏向亲密关系那一边(Cierpka et al.，2000 年)

> 当宝宝已经敢于离开和妈妈的亲密关系，他就能得到更多的经验，能够对他的个性发展起到很大的促进作用。更多的事物必须被理解、归类和克服。宝宝的自我调节越来越多地经受着兴奋和愉快的考验。但是只要根基稳固，这种挑战其实也是一个很好的机会。

安全型依恋关系的意义

在 4.3 的开始我就提到过依恋、关系这两个概念以及双方的交往(儿语)，并且说明了关系产生于大量的交流和游戏，而依恋产生于关系。也就是说，所有相处情况的整体决定了依恋关系的性质。如果这种关系大多数情况下是和谐和积极的(代表了父母对宝宝自我调节的协助)，可以认定，所发展的依恋是积极、安全的。如果宝宝和父母共处时获得的经验大多数是负面的，那么可能会发展出不安全的、矛盾的依恋。特别是有关父母敏感性的观点（将在第七章中说明）和依恋的类型紧密相关。这方面的重要因素包括父母如何和宝宝相处、和宝宝共处的时间以及照顾宝宝的方式。父母对宝宝的正面情感对发展安全依恋很有帮助。依恋对象如何适应这种关系以及和宝宝周围的持续出现时间，具有决定性作用。父母对宝宝的感觉越细腻，依恋关系中的基础情感就会越安全。

宝宝一岁以后发展出的依恋可以分为四种不同类型。具体描述如下。

安全型依恋：宝宝将依恋对象当做探索和克服新事物的基础。在和依恋对象暂时分开以后，宝宝会主动、直接地寻求联系，然后会重新观察周围环境（玩具）。在分离的情况下，宝宝会跟在依恋对象的身后，遇到危险时会寻找依恋对象并抱住他，尽量靠近他以获得安全感和庇护。如果让宝宝独处，他会直接地表达出自己的难过。如果妈妈回到了他身边，他很快就会安静下来，依偎着妈妈，然后继续愉快地玩下去。

不安全型依恋：宝宝在探索世界时无法将依恋对象当作安全的基础。不安全型依恋又分为两种：

a）不安全的回避型依恋

这类宝宝似乎不会注意到依恋对象的短暂离开，当妈妈回来时也没有过多的反应。他会通过例如将身体转向一侧或背向依恋对象来回避亲密和接触。他们会将注意力转移到探索中或者继续玩玩具。宝宝从过去的经验中学会了限制自己的感情表达，因为妈妈常常无法忍受他们的敏感，和宝宝相处时无法很好地体会宝宝，而且期待宝宝很早就能独立控制自己的情感。但是，有关这种情况下身体压力反应的研究却表明，这些宝宝的内心在经受着很高的焦虑，只是不为外界所知。

b）不安全的矛盾型依恋

这种宝宝通过信号，例如哭和紧紧抱住依恋对象，表现出过度的亲近需求。他们学会了用过分夸张的形式来表达自己的不愉快。一旦依恋对象离开宝宝一会以后，就很难再让宝宝安静下来。此外，他们也会对依恋对象作出生气和激烈的动作，在离开依恋对象以后，会陷入需要亲近和生气或愤怒的两难之中。他们有很强的依赖性，但同时又十分渴望能够独立。

混乱型依恋：这类宝宝在妈妈回来以后会采用很多特别的行为，例如：形式化的、不断重复的动作和行为，明确和坚持的行为，鬼脸，躲闪的行为，突然哭喊或“发火”。这种表达并不是一种明确的依恋类型，但有可能是因为他们对依恋对象的一种焦虑反应。特别值得注意的是，这种依恋模式下的宝宝通常都受到了虐待，或者母亲的行为不够细致。

四种依恋类型的行为模式本身都不能被看作是病态的。在每个人身上一般都能找到四种类型。根据占据主要位置的方式来分类。

在本章的最后，请观察图 4.7 并回答问题。

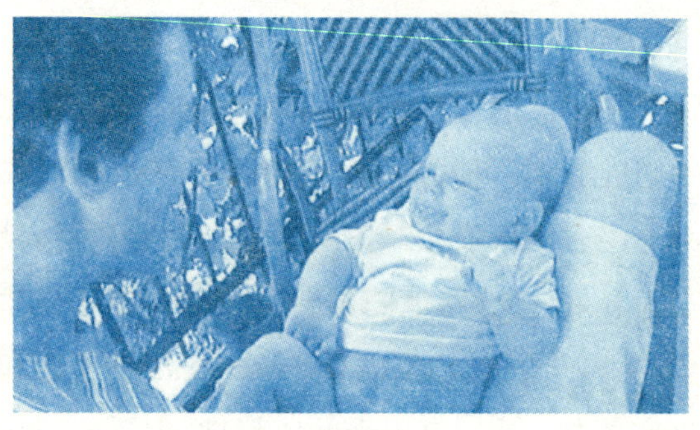

图 4.7

1. 现在这个宝宝的感受如何？
2. 他发出了什么信号来表达自己的感觉？
3. 他的讯息是什么？

我的答案是：

这个宝宝感觉十分愉快。这一点可以从他兴奋的表情上看出来;他一边笑一边和爸爸保持目光接触。他的身体和笑脸都显得十分兴奋,但又没有让他感觉过分疲惫。也许他正在和爸爸对话。他的舌头伸了出来——我猜,他的爸爸也把舌头伸了出来,宝宝正在模仿他呢。

这一切都表示,两人正在度过十分愉快的时间。

宝宝的讯息是:"和您在一起有趣极了。您让我感觉到十分兴奋,让我十分高兴。我想继续下去。"

4.4 总结

在宝宝一岁之前,宝宝的行为调节可以分为两个发展阶段。每个阶段都以对之前的经验进行重新归类作为标志。刺激和感情模式在记忆形成过程中起到重要的作用。细腻的相处能够促进宝宝的行为调节,能够使宝宝控制自己的压力。

在第一个发展阶段中,也就是两到三个月时,以出现社交微笑为标志,父母开始把宝宝看做是一个社交对象。这时候因为大量的发育(感知、神经心理、社交信号),宝宝能够发送明确的表情信号。同时,宝宝生来就有的自我感知也进一步发展。他越来越觉得自己和别人是分开的。"易感染”在情感方面长期占主导地位。有些情感的前身可以在宝宝刚出生时就观察到，另一些则是在一岁之前慢慢地发展。宝宝的笑会让妈妈受到感染，因此感到愉快，反过来也一样。

在第二个阶段中，也就是半岁以后，宝宝开始明白物体和人的存继性。在和他人相处时，这种全新的能力首先表现为“怕生”。这会对自我感知产生影响，使自我的感觉越来越清晰。首次出现了特别的情感。这都让宝宝对和依恋对象的共同感更加强烈。

基于这些巨大的变化，宝宝和父母之间发展出了依恋。这以大量共同经历的情景为依据。它的性质决定了宝宝之后的社交能力，因为不断重复和独特的交往模式会储存在宝宝的记忆中。

依恋是宝宝和依恋对象之间的一种独特的、长久的情感联系。宝宝在一岁的最后几个月里出现的情感让依恋更加稳固。特定的行为方式被认为是依恋行为，例如哭、笑、抱住和仿效。在进化史中，依恋证明了自己的重要性。父母的理解影响了依恋关系的类型。在这期间，宝宝的两种极端需求不断交替：对安全感的需求和自己的好奇心。为了探索这个世界，他需要确保自己能随时回到父母身边。和宝宝在依恋关系中经历的安全感有关的是，宝宝能在多大程度上追随自己探索世界的好奇。

科学上将依恋分为不同的模式：安全型依恋、不安全型依恋和混乱型依恋。不安全型依恋又分为回避型依恋和矛盾型依恋。

除了父母行为对依恋发展的重要影响之外，宝宝的影响也很重要，我们将在下一章中继续这个话题。

5 孩子的气质

5.1 什么是“气质”

“这个人很有气质。”“他/她有……的气质。”“她的气质与众不同。”在形容他人的时候，我们常常会用到“气质”这个概念。

人格理论和气质类型学通过其分类将人划分成不同的类型。但是人格和气质是不能相互混淆的！“人格”指的是人的社会心理特征。“气质”则是一种基本的生理特性，构成了人格发展的基础。气质是与生俱来的，可以把它和体格、心理状态一起比较，因为它们的形成都受到了基因和环境影响的共同作用。还有一个常常用到的词是个人“行为方式”，它决定了一个人给他人留下的独特印象，指的是人们倾向在某种特定情况下采取某种特定的行为方式。下一节中我们将进一步探讨这个问题。

5.2 宝宝一出生就与众不同

心理学的一个分支致力于有关气质的科学研究，通过分析大量不同类型的人得出了所谓的气质因素。如今已经达成广泛共识，即气质可以分为九个特征，在宝宝刚出生时就可以用这九个特征来描述其行为的差异性。根据这种看法，可以从以下几个方面将人与人区分开来。

- **活动性**（强度和速度）：有些宝宝会长时间待在一个地方或进行一项活动。另一些宝宝则十分好动。如果活动受到了限制，那些精力充沛的宝宝就会变得不安甚至开始哭闹。这类宝宝希望能常常变换活动形式并且增加活动量。
- 生理机能的**规律性**：有些宝宝的身体里似乎有一个生物钟，因为他们的进食、喝水、睡觉、消化几乎都发生在可以预测的时间点。另一些宝宝则需要一年甚至更长的时间才能形成这种规律。大多数情况下，宝宝会随着发育而形成一定的规律性。但是父母也可以在宝宝尝试形成规律时起到帮助作用。如果宝宝已经形成的规律被打乱，他们会用压力信号来回应，部分甚至出现身体上的压力反应，例如呕吐或腹泻。几乎所有的宝宝在遵循自身规律性的时候都会更有安全感。
- 对新事物的**趋避性**：一些宝宝会主动探索新的事物，而另一些宝宝则需要鼓励和保护。前一类宝宝热爱新的事物和人，并且乐于发现。后一类孩子则需要一段预热期来适应新的事物。在面对新的体验时，他们的亲近过程显得小心翼翼、迟疑和羞怯。

- 对新环境的**适应性**：一个人对变化的反应决定了他在新环境中的行为。宝宝对第一次洗澡、新面孔和新地点的反应各不相同。一些宝宝很喜欢全新的环境并表现出好奇心和兴趣。另一些宝宝则显得不安。他们对新环境的适应速度较慢，父母需要付出很多的耐心。
- **反应域**（神经心理）：环境刺激对不同宝宝的影响不同。我们每个人对声音、气味、温度、接触和视觉刺激的感知差异性都很大，尽管这种差异的一部分会随着幼年期的发展而被消磨。有些宝宝听到任何响声都会受到惊吓。另一些婴儿即使在噪音很大时也能保持安静和满足。有些宝宝会因为尿布湿了而感到不舒服。另一些却很少对此做出反应。他们在游戏时表现出来的需求也各不相同：同一时间出现两种刺激（如走路和讲话）可能过于激烈，宝宝会变得不安和不满。父母如果能够及时察觉到刺激过大的信号，那么就可以避免给自己和孩子造成过大的压力。
- **情绪状况**：除了气质之外，宝宝的情绪当然也很容易受到周围环境的影响。但还是可以将那些主要情绪是积极的宝宝和那些主要情绪是消极、常常哭闹或表现出伤心和焦虑的宝宝区分开。父母可以通过加强宝宝的安全感以及和宝宝交换积极情绪，即和他一起游戏，来帮助孩子获得更好的情绪。
- **反应强度**：宝宝表达情感的强烈程度各不相同。有些

宝宝会大声哭喊,并持续较长的时间。而另一些宝宝只要察觉到父母做出反应,便会停止哭喊。他们很快就能进入另一个情绪状态。

- **注意力**:有些孩子,无论谁走进房间或发生什么事情,都不会受到影响。而另一些孩子的注意力则很容易被打断,比如在吃饭的时候,他们会停下来观察走进房间的人。
- **坚持度**:有些宝宝会全神贯注于某个特定的物体上。有时候宝宝会长时间地盯着一个活动的物体,如果这时候被别人打断,还会表现出生气。而另一些婴儿则很快就失去兴趣了。

表格 5.1 中举例说明了这九个特征范围。

但是一个人的性格并不是完全由先天的气质所决定。在生命的进程中,周围环境和自身经历的影响带来的改变可能是巨大的,因此不能用一个人婴儿期的气质来预测他成年后的性格。此外,越来越多看法认为,就连基因作用也多多少少会受到环境因素的影响。

父母和孩子从一开始就相互适应,在行为上相互协调。因此人们用"配合"来形容这一个过程。好的配合表示父母基本上能够对宝宝的信号做出恰当的回应,决定了父母可以和宝宝成功和睦地相处,对于帮助宝宝的自我调节也有同样的意义。

5.3 童年早期的气质差别

人们对新生儿和婴儿的气质特征做了全面的调查，然后将他们大概分为两类：

1. 对父母来说“容易带”的宝宝；
2. 对父母来说“难带”的宝宝。

第二类宝宝指的是那些一开始就

- 没有规律性，并因此影响到睡眠、进食以及排泄行为。
- 面对陌生人时表现得难以亲近。
- 抗拒新的环境。
- 情绪（无论好坏）表达过于强烈。
- 主要情绪常常是消极的。
- 一般情况下，他们比别的宝宝更容易不满和哭闹。

图 5.1 宝宝有规律的睡眠和醒来也有利于父母的正常休息

易激惹性是上述宝宝类型的另一个标志。父母面临的主要难题是，宝宝的行为无法预测，容易哭闹而且哭闹的频率也比较高。人们无法根据他的行为做出正确的判断，因此也不知道该如何调整。那些经常哭闹的孩子更容易表现出这些特征。其根源可能是神经系统过于敏感。因此这类宝宝比其他宝宝更加敏感，也因为敏感而比较不安静，需要父母更多的耐心、更用心的感受和更努力的适应。此外这类宝宝也很难被安抚。他们的动作和整体行为显得没有目的或不协调。人们目前还不知道出现这种现象的原因。有一种假设认为，这类宝宝的神经中枢和神经功能在怀孕期间不如其他宝宝发展得成熟。

前面有一章我们提到过，有些婴儿发出的信号不如其他婴儿清楚。这种现象也可以归于“难带”这一类，指的是例如宝宝会在没有任何不舒服的预兆时忽然莫名的大哭，或者他似乎不会发出饿和饱的信号，也不会依偎别人。父母不知道

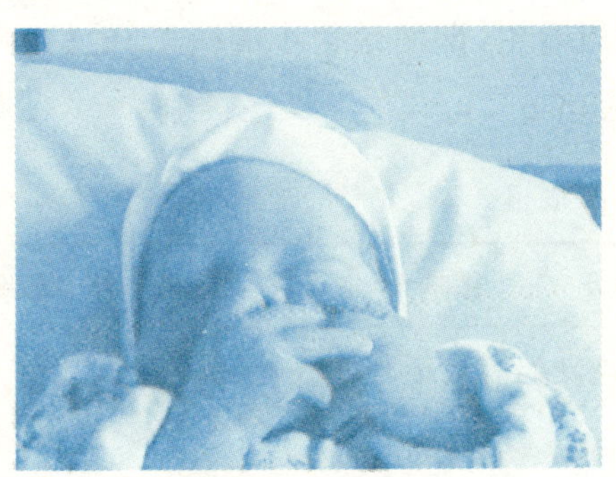

图 5.2 吸吮自己的手指以使自己平静并释放压力

该怎样安慰自己的宝宝，因为他好像对任何安抚尝试都没有反应。而其他的宝宝在发出较为强烈的表达信号之前，多数会首先改变他们的面部表情。由于缺少这一中间阶段，人们会产生这样的印象，那就是这个宝宝的情绪转变没有过渡。

在这里必须指出，以上所描述的气质特征绝对不等同于多动征或注意力缺乏综合征。同样也不能认为这些特征会发展成多动或注意力缺陷等问题。人们对多动症和 ADHS（注意力缺乏综合征）了解得十分少，因此根本无法推测其产生原因。

5.4 社交反应的差别

下表中收集了一些父母对自己宝宝的形容，从这些极端的例子中可以看出，即使是很小的孩子，他们的气质也各不相同（参见表格 5.1）。

表格 5.1 九个气质因素的行为示例

	影响大	影响小
活动水平	“洗澡的时候他特别好动，每次给他洗完澡都得把周围拖一遍。”	“洗澡的时候他相当安静。”

续 表

	影响大	影响小
规律性	“他每天固定在第一餐之后排便。”	“他要么一天拉两三次，要么两三天拉一次。”
趋避性	“他总是对着陌生人笑。”	“尝试给他喂新食品的时候，他一般会做个鬼脸然后把吃的东西全吐出去。”
适应性	“第一次喂他麦片，他全吐了。但两三次以后，他吃起麦片来就兴致勃勃。”	“每次给他穿防雪装，他都不停地叫喊和挣扎，直到我们走出门外。整个冬天都是这样。”
反应域	“就算头上撞出一个包，他也不会改变自己的行为。”	“即便是轻轻地关门，他也会醒过来。”
情绪状况	“小家伙一看到我拿出牛奶瓶就笑了。”	“他很少笑。”
反应强度	“一觉得有什么不对劲，他就开始大喊大叫，就像坐在烤肉架上一样。”	“他生气的时候会哭闹，但不是很大声。”
注意力分散度	“如果有人在他刚开始吃奶的时候从附近经过，他不但会盯着那个人，还会停止吸吮直到那个人从视线范围中消失。”	“如果他正好饿了并且还有一阵子才到进食时间，那么他的注意力不会被游戏所分散。一直到吃饱了他才会叫喊。”
坚持度	“他可以长时间聚精会神地玩一个玩具。”	“他的注意力很快就会分散。”

图 5.3 找到乳头然后有力地、有节奏地吸吮并不是一开始就理所当然；对食物摄取的适应在刚开始时还是很困难的

除了上一章节中提到的特征之外，社交反应也是宝宝差异性的一个重要表现。有些宝宝本性十分友好和热情，对任何人都表现出兴趣。他们很快就准备好和别人目光接触并伴随着微笑。成年人几乎无法抵抗这种示好，因此在还没有看清楚宝宝的长相时就不自觉地被他们吸引并喜欢上他们。

另一些宝宝则表现得拘谨甚至有些羞怯。他们不太容易接触，因此也较少引起别人的关注。这些宝宝并不是心情不好，但他们在面对成年人时还是表现出迟疑。缺乏社交反应表现为，他们很少显示出愿意接受和保持目光接触。在和别人目光接触时，他们也显得很严肃。有些宝宝几乎从来不会微笑，给人一种近乎于不友好的印象。如果人们还是试图接近他们，他们有时甚至会哭出来。人们会因为他们这种羞怯的表现而不知所措，因此认为他们没有前面那种类型的宝宝惹人喜欢。

您可以想像到或者已经观察到了，这两种比较极端的孩子会有完全不同的社交经验。第一种孩子因为对周围环境充满了兴趣而特别受欢迎。因此他们可以经常和他人一起度过愉快的时光，这使他们能够向积极的方向发展。而他们的父母在担任家长的角色时感觉更加愉快，因为他们的付出常常能够得到孩子的回报。父母会觉得自己是成功的家长并且对待孩子的方式是正确的。

相反，那些比较拘谨的宝宝可能需要和他人保持更多的距离，当人们想要抱他时，他还会做出肢体抗拒。他们显得不太温顺，因为他们无法承受过于亲近的行为。人与人之间的接触对这些宝宝来说是一种非常强烈的刺激，因此他们尝试用回避来抵抗这种过度刺激。

如果想正确对待自身的不确定感，理解这种行为方式十分重要。人们很容易因为宝宝缺乏社交反应而感到被抗拒或不被重视，因而会对他们产生误解或用错误的方式对待他们。因为感到失望，人们容易忽略和这些宝宝一起也能有美好的经历。

5.5 宝宝的气质和父母的行为相互依存

每个宝宝天生就因为自己的独特性而与众不同，因此父母或照料者需要了解他们的独特性并做出有益的反应。如果宝宝有一次忽然开始哭闹并且很难被安抚，人们对他的期望值就比对“阳光的宝宝”的期望值要低。父母会注意到宝宝不安和反感的早期信号，以保护他不会受到过分刺激或过高要求。如果宝宝具有被父母看作是难带的特征，就应该帮助他们调整自己的规律（进食、睡觉、每天的排便）。例如知道他不久前刚喝过奶，应该还没饿，那么到下一次进食时间之前都不要给他喂食，以满足肠胃消化的所需时间。如果宝宝在这期间表现出不满或不安，那么您应该意识到这并不是因为他饿了，应该尝试别的安慰方式。在睡觉的问题上也可以采用相似的方式：如果您尽量在同一时间点把宝宝放到床上，那么他就会明白到了休息的时间了。

知道将要发生的事情，会使婴儿产生安全感并将精力用于感知其他有趣和新的事物。当然这并不是代表您无论如何都要坚持这种规律。根据宝宝的反应和状态（例如生病的时候）可以允许有一些例外或改变。如果宝宝几个月大了都还没有一个相对有规律的节奏，例如常常哭喊或睡眠很差，而且您自己也需要更多的空间和规律性，那您也许就应该严厉地对待他，直到他习惯新的生活方式。

宝宝偏好自己已经习惯的事物，如果发生了改变他们大多会激烈反抗。这常常会导致父母的无力感越来越强烈，他们不得不撤回所有新的事物来使宝宝平静下来，从而又加剧了这种恶性循环。这种情况下就有必要寻找适当的建议和支持，也许可以从附录中列举的您周围的预防信息中心获得帮助。同样也有必要注意一些和您自己状况相关的例子。一个有经验的专业人士的陪伴可以给您很多力量，这也许正是您在困境中所需要的。

由于那些缺乏规律性的宝宝通常比较敏感而且反应阈值较低，因此人们应该降低刺激程度。在和他玩耍的过程中，应该时不时地给他一段恢复的时间。而父母的行为也并不是和宝宝的行为方式无关。在下一章中我们还将继续探讨宝宝气质特征和父母行为之间的关联。

5.6 总结

气质特征表现为不同的行为。行为方式可以从九个方面描述。那些被父母看做比较难带的新生儿和婴儿，他们的生理机能缺乏节奏性，很难适应新事物，反应程度较强，很容易哭闹而且不易被安抚。如果父母努力帮助他们找到节奏感，就能更好地和他们相处。

区分宝宝的另一个重要特征是他们的社交反应。在这个特征的影响下他们将会有不同的社会经历，并影响到未来的预期。那些反应较少的宝宝容易面临这样的危险，即受到共同生活的负面示范的影响，因为他们的躲避行为会让父母感到不知所措。

父母的行为应该配合宝宝的独特气质。在第二部分，具体来说就是下一章中我还会说到这个问题。宝宝的发展与他和父母之间的关系密不可分，因为宝宝在这种关系中成长。

父母和宝宝的共同生活

在第二部分中我们将共同探讨童年早期的亲子关系以及这种关系的产生、建立和其中最重要的决定因素。我认为，亲子关系的建立在怀孕期间就开始了，实际上，它始于宝宝出生前父母对宝宝最初的想像中。我认为宝宝的出生不是改变一切的分界线，而是父母、宝宝以及他们之间关系发展中的一个标志点。但宝宝出生这一事件使宝宝和父母必须面对这样的挑战，对环境的变化做出必要的调整。

一旦确定了关系的发展趋势，那么这种趋势一般不会在很短时间内发生改变，因为出生这件事情本身并不会带来任何冲突或导致情况改变。然而有些夫妻关系还是会陷入"冰窟"。本书的目的就是通过找到建立亲子关系的"支柱"，从而对这一过程产生积极的影响。

现在让我们把注意力转到那些对早期亲子关系的质量具有决定作用的元素上。其中父母的夫妻关系位于核心位置，因此在这里会详细地探讨。广泛的认知会使感情理解更加容易。

6 宝宝在与他人的关系中成长

6.1 依恋关系始于幻想

宝宝在来到世界上以前的很长时间里，一般来说在出生前，就已经活跃在父母的想像中了。在怀孕之前，父母通常首先会产生想要孩子的愿望。这种愿望可以追溯到自己童年时代“扮家家”的经历。这些将来的父母第一次幻想自己的宝宝时就确定了这种关系的开始，因为他们的想像是和感情联系在一起的。而从有关依恋关系的章节中(参见4.3)您已经了解到，依恋产生于感情。

怀孕以后这种想像和感情更加清晰。理想状况下，准父母应该开始思考这一切和自己童年之间的关联。这一阶段的一个典型变化过程开始了：特别是准妈妈开始收心，对外界的兴趣降低，以便在心智上做好迎接孩子的准备。她开始沉溺于自己的内心世界，回想和父母共同度过的童年时代并且用这种方式(再一次)“加工”自己的故事。同时她越来越多地想像自己成为母亲后和宝宝之间的关系。有时候这种想像是无意识的，但是对亲子关系的发展来说同样重要。矛盾、不确定感、焦虑和怀疑是怀孕期间出现的正常症状，因为怀孕本身也有缺陷或者风险。

男性面临的情况和女性相似，但是由于身体状况的不同，他们不会如此沉溺于自己的想像世界，他们的改变更多是受到实际情况的影响。

怀孕期间，母亲对宝宝的感觉越清晰，她就越能平衡想像和现实。第一次感觉到宝宝在肚子里活动是一个很重要的时刻，一般会出现在怀孕的中间阶段。这时候她才能将宝宝作为一个独立于自己的存在看待，对宝宝的想像也会更加生动。她开始想像宝宝每一个身体部位，时机也确实到了，因为此时宝宝开始具有心智特征。母亲越来越感觉到宝宝的活动、踢自己的肚子并不是毫无规律，而是宝宝对环境反应的一种体现。她对肚子里宝宝的感情也更加强烈。

到怀孕的后期，父母对孩子的想像更加细致，他们开始幻想宝宝的长相。他们越来越多地想像着宝宝躺在自己怀中的情形。父母的想像世界，主要是关于宝宝以及和宝宝之间的关系，会影响到未出生的宝宝以及真实的亲子关系。对怀孕的抗拒、夫妻关系障碍、无法克服的童年阴影和其他沉重的压力也会影响到对孩子的情感。如果一个准妈妈背负了太多无法克服的童年阴影，她会常常感到伤心或沮丧并受困于负面自我形象，因而妨碍正面情感的产生。尤其是经过同一个血液循环，未出生的宝宝也能通过压力反应感受到父母的负担(参见1.2)。但您还是可以最大限度地保护未出生的宝宝不受压力的影响。在第一章中已经谈到过几种方法。那些具有负面自我形象的人通常很难认真思考自己的人生和身体，以及自我感知，通过与未出世的宝宝进行内部交流来感知自己的机会没有得到足够的重视。当然不是所有人都能利用这个机会。经常是整体的生活状况会造成宝宝不顺利的发展，因此只能带着耐心和信心，经过很长时间一点一点去地改变这种状况。而宝宝出生这件事并不足以产生影响。

如果父母对生活状况较为满意，那么他们对宝宝展开的想像也能对怀孕期间母亲和宝宝的共同生活产生积极的影响。愉悦的感觉始终伴随着他们，这种感觉又会再次作用在准妈妈身上，使她的身体更加协调和均衡。

6.2 共同经历会影响亲子关系

就像在“初生儿和婴儿的能力”一章（参看第三章）中详细讨论过的一样，通过对容貌和声音的偏好，刚出生的宝宝就明显表现出对和他人具有共同点的兴趣。这种兴趣的基础是宝宝天生地将自己和他人区分开的能力。在宝宝能够说出“我”这个词之前，他就能够把自己和其他人区分开来。在很长一段时间里，人们都没有意识到这个事实。正如我们在第三章中读到过的一样，这不是突如其来的，而是慢慢发生的。刚出生的宝宝就已经具备了“突然的自我意识”（《明星》报，2000 年第 50 期），这是和他人相处，例如交流或玩耍的前提条件。和别人交流会让宝宝得到很多乐趣，并带给他强烈的情感。

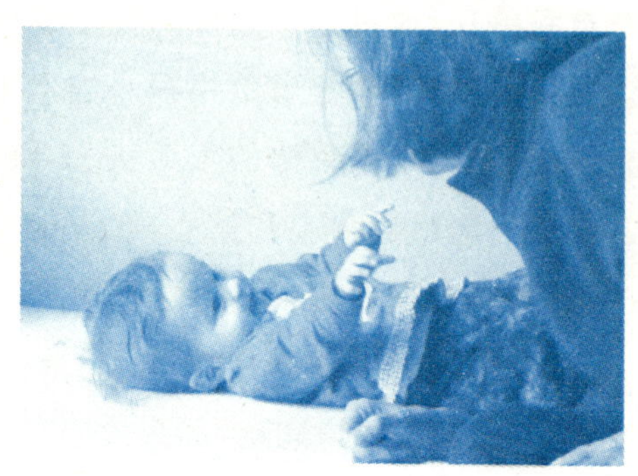

图 6.1 常常聊天有助于情感的发展

宝宝一出生就具有感知、模仿、自我调整的能力以及对学习的需求。宝宝出生以后，这些先天能力就会受到父母期望和反应的影响。和陌生人变得熟悉（好奇心），对规律的认知以及能够控制和预测事件（自我实现能力）的能力，可以促进宝宝对以后经历的心智准备。只有当宝宝能够和父母进行情感交流时这一切才能顺利。因为，正如 4.2 中提到的一样，父母对宝宝细腻的感应，尤其是在最开始的时候，对于宝宝的行为调整具有十分重要的意义。另一方面它也会影响宝宝的大脑对新印象和新体验归类的能力。因为在这方面宝宝神经系统的活跃性起到了决定性作用。过多或过少的刺激神经都会阻碍这个过程。宝宝和父母共处能对其成效起到支持作用。

让我们借助“放大镜”来观察，宝宝生命的最初阶段究竟发生了什么？

父母和宝宝相互影响

语前交流在宝宝刚出生时就开始了(如果撇开和未出世宝宝的交流不谈),这种交流建立在双方的信号交换上。父母和孩子之间不断地交换着信号。宝宝看着父母,父母会对他微笑或和他讲话。随着年龄的增长,宝宝开始用声音来回应,和父母交替发出声音,就像是在对话一样。如果感到不满足他会哭闹,父母就会尝试找出他的需求。只要宝宝的需求得到了满足,他又会表现出满意的信号。正如跳舞一样,需要一系列互相配合的舞步。舞步就相当于信号,有助于互相理解。双方的配合越好,父母对宝宝的理解就越好。每个人都是引发他人行为的触发器。

父母和宝宝的不同贡献,从宝宝这方面来看存在于他的自我调节能力,从父母这方面来看则存在于他们对宝宝能力的本能支持,从而使宝宝能够继续成长(见第八章)。宝宝的行为受到气质以及发育情况的影响。而父母的性格、夫妻关系满意程度和在原生家庭的经历则会影响到父母的行为。这也影响到了他们对孩子的态度和期望以及对亲子关系的想像。

我们在第四章中已经探讨过,父母通常可以对宝宝自我调节能力的发展起到帮助作用。必要时他们会用到自己的本能。刚开始他们会为宝宝做很多事情,因为宝宝自己有很多事情要先学会。父母可以凭直觉意识到宝宝的需求并作出相应的反应。宝宝感觉到舒适,稍大些还会用微笑和目光来回应，这样又能促使父母产生满足的情绪并发出正面的信号（表情、微笑、讲话和体贴）。用这种方式可以使宝宝和父母之间产生积极的相互关系。双方都感到满足。父母和宝宝能够一起度过愉快的时光，这样就可以促进安全型依恋的发展。

那些行为调节很不成熟、带有被父母认为难带的气质特征的宝宝和其他宝宝的行为不同。他们的入睡和醒来没有规律，父母备受折磨，因为宝宝缺乏规律会让他们筋疲力尽。此外这类宝宝更容易不安和哭闹。他们常常发出负面的信号，父母对其的反应自然和对正面信号的反应不同。因为他们没想过孩子这么难带，因而感觉到失望和沮丧。他们为宝宝做的很多事似乎都没有达到期望的效果。这样就陷入了以消极的相互关系为标志的困境中。父母和宝宝之间消极的相互关系又通过更加强烈的负面信号反应出来，因为不愉快的感觉占据了主要地位。相互影响的行为最终形成了一个恶性循环。当宝宝哭闹时，父母只会围着宝宝转。而当宝宝感觉好、安静并且心情好的时候，他们就会让他一个人呆着，因为这是他们仅有的获得平静的机会。另外他们也担心，如果这时候尝试接触他，他又会马上变得不满。这样宝宝就学会了用哭闹来引起关注，父母对这种消极关系的维持负有责任。因此就算父母感到困倦、疲乏和失望，也应该尝试在他心情好时和他互动，以打破这种恶性循环，培养并维护这种正面关系。这样父母就可以帮助自己的宝宝将好情绪和关怀联系在一起，将哭喊和休息时间联系起来。如果父

母在带孩子时感到满足并能享受这种过程，那么父母也会更加精力充沛。

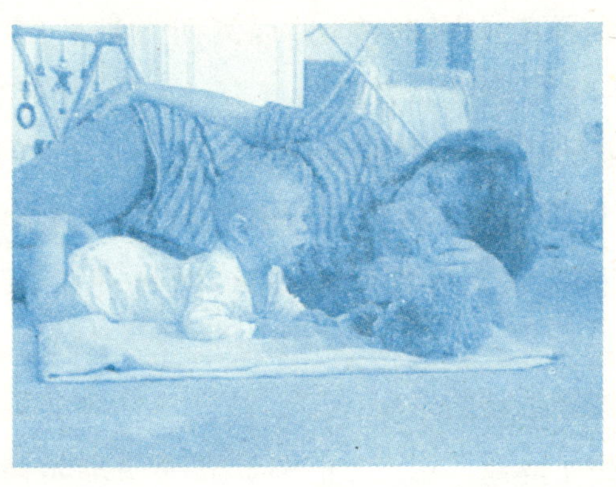

图 6.2　一起玩泰迪熊过程中建立的积极亲子关系使宝宝和父母更有活力并且可以促进安全型依恋

在第一个半年以后体验共同性

当宝宝七八个月大并更加强烈地感觉到自己和别人不同的时候，他会发现自己也可以将内心的感受传达给别人。愿望（例如“我想要这个娃娃”）、感觉（例如“我觉得很开心”）以及物体（例如对玩具同样的注意力）可以成为和他人共处时的核心。这些认知对于进一步的心智发展和人际关系发展意义重大，因为它们是一项重要的社交能力，即移情能力的早期表现。宝宝开始经历共同感受的时间点常常被称为“出壳”。宝宝此时作为一个社会成员被接纳，因为他们能够扩展自己的视野（自我中心）并吸引他人的目光。因此他们可以和别人建立一种基于共同的心灵体验的联系，可以称为“倾诉”或“分享体验”。

共同的注意力指向体现为，例如当母亲用手指着某个物体时，宝宝的目光会跟随过去，反之也一样。前提条件是，宝宝已经懂得将视线从母亲的手上转移开并能够跟随手指所指方向。此时宝宝的发现和体验能力开始增长。宝宝的世界不再仅限于自身，而是得到了令人吃惊的拓展。

通过身体运动的发展（爬行，站立），他对世界的观察角度已经发生了改变。在上述的例子中，婴儿常常会将目光再次投向自己的母亲，来确定他们看的方向是否“正确”。也就是说他们有意识地尝试跟随共同的愿望。总的来说可以认为，此时宝宝已经具备这个能力，即人们可以让他的注意力集中于其他的物体上，而不是人们自身。其结果是，人们可以使自己的注意力中心和其他人一致。

共同经历（主体间性）的另一种方式来自于对意图的理解。例如，宝宝想要妈妈手里的小饼干，他会把小手伸出去，做出抓的动作，看看妈妈的手再看看妈妈的脸，同时发出“嗯嗯啊啊”的声音。他了解他人（母亲）的内心状态，也就是说知道别人能够理解他的需求。

社交关系或者还有宝宝的自信是主观共同经历的第三种方式。在觉得不确定时他会看着妈妈，确定妈妈的感觉。然后他会配合妈妈的表情。如果妈妈的表情是生气的，他会变得害怕并避免做出那些不确定的行为。如果妈妈露出愉快的表情，那么他会继续自己的冒险。

共同的情感经历是语前发展中最主要的交流方式。父母对宝宝的感觉表示肯定，也就是说，他们感知到宝宝并将他的情感反射出来。举个例子：一个小男孩击打玩具。他首先表现出有些愤怒，然后会越来越兴致高昂。他的敲打具有一定的节奏。他的妈妈出现了，口中念着："咔—吧，咔—吧。"她用"吧"来强调击打，而当宝宝手臂举起时，她会发出"咔—"的声音。在这个例子里，反射是由妈妈通过"翻译"宝宝的情感来完成的。宝宝的内心状态通过另一种方式被人领会。这种共同性的有趣之处和重要性在于，它能够将外在行为背后隐藏的内容表达出来，这也是情感共同经历的特点。

共同情感的交流对于宝宝的心智发展和心智健康有着决定性的作用，因为这种交流能够给他带来最基本的安全感。对于从属感和社交的需要可能是寻求经验共享的动力。

作为本章的结束，我想请您完成下面的联系。

请观察下边的图片并准备回答问题。

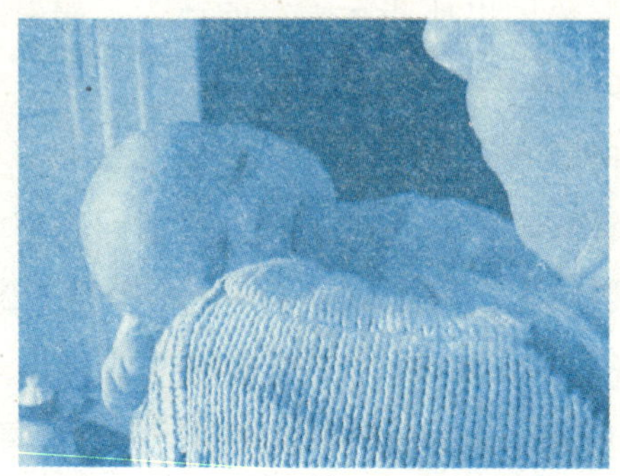

图 6.3

1. 图 6.3 中的宝宝怎么了？
2. 他发出了什么信号？
3. 怎样用成年人的语言来解释他的讯息？

我对图 6.3 的看法如下：

这个宝宝十分放松，他靠在母亲的肩膀上睡着了，感觉很幸福。也许刚刚给他喂过食或喂过奶，他吃饱了而且觉得很满足。他甚至还有可能和妈妈进行过交流。这个宝宝和妈妈目光接触而且很满足。也许他刚刚入睡。

他的信号是："我这样看着您并且感觉到您在我身边，对着我微笑和轻柔地讲话，我感觉很舒服。"

请继续根据以下的问题观察图 6.4。

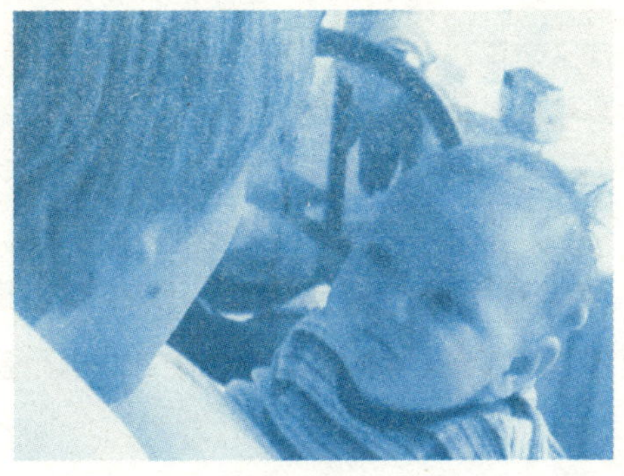

图 6.4

1. 图 6.4 中的宝宝怎么了?
2. 他给出了什么讯息?
3. 怎样用成年人的语言来解释他的讯息?

我的看法如下:

图 6.4 中的宝宝并不十分舒服。因为他的表情很不放松,我们可以猜测到他刚刚有多么紧张。和成年人的交流对他来说十分费力。他仔细地打量对面的人,可能这个人离他

太近了。为了保持目光接触，他必须使劲地用颈部支撑头部，因此我猜，这种姿势目前对宝宝来说太费力了。

这个宝宝想说："请把我放下来一点，这样我的头部可以得到更好的支撑。我喜欢您，我想继续看着您并和您聊天。"

接下来请观察下边的这幅图片。同样请借助下面的问题来分析这张图片，在看到答案之前请先给出自己的回答。

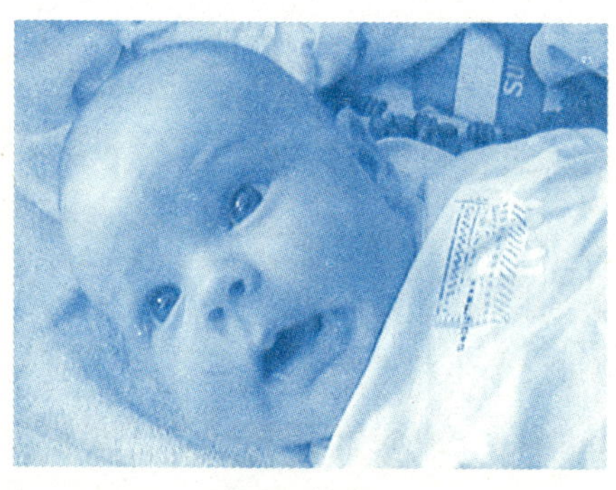

图 6.5

1. 图 6.5 中的宝宝怎么了？

2. 他给出了什么讯息？（请尝试模仿他的表情并体会他的感觉）

3. 怎样用成年人的语言来解释他的讯息？

我认为图 6.5 给出了以下信息：

他好像刚刚受到了惊吓。可能忽然出现了令人吃惊的东西。他瞪大了眼睛，充满兴趣地观察这个令人吃惊的东西；同时嘴巴也张开，但嘴角并没有像感到高兴和满足时一样上扬，甚至有一些拉下来。这就说明了他在此刻的感受不太舒服。但也许下一刻——如果他认出了这个让人吃惊的事物或者陌生人——就完全不同了，这个婴儿可能又会笑起来。然而目前他表现出受到惊吓的样子。至于他具体面对的是什么就不得而知了。小脸的坦然和下拉的嘴角相互矛盾。

这个宝贝想要通过表情表达的讯息是："噢！这是什么？它怎么突然就出现了！在我能够做出反应之前，我得瞅瞅这是不是我已经认识的东西。我需要一点时间仔细观察和研究，这到底是令人愉快的东西还是别的什么。但是如果能够得到您的安抚，我会觉得很安心。"

作为父母您应该怎样帮助这个孩子？

首先，您应该稍微观察一下孩子面部表情和身体姿势的改变。如果您能够同时用温柔、缓和的语调安慰他，陪伴他，对他细语，也会对孩子十分有好处。虽然他不理解您所说的内容，但是通过您的声音和音调，他知道您正全身心地陪伴着他。这样他会觉得自己受到了保护，除非受到的惊吓实在太大了。如果您发现孩子还是无法安静下来(调节)，甚至更烦躁了，请将引起刺激的物体、噪音或其他东西移开。

现在请观察图 6.6 并尝试回答我的问题。

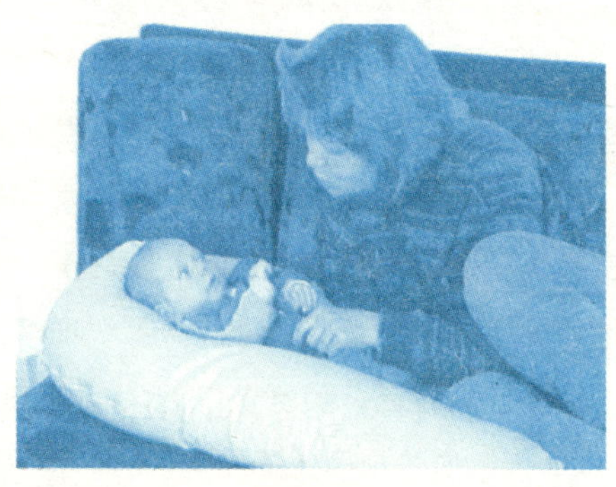

图 6.6

1. 图 6.6 中的宝宝怎么了？
2. 他给出了什么讯息？
3. 怎样用成年人的语言来解释他的讯息？

我对图 6.6 的看法如下：

这张图中的宝宝也因为什么事情感到困扰并表现出怀疑。如果观察他的面部表情就能看出，他甚至显得有点生气。眉毛皱起来了，整个脸庞、眼睛和嘴巴都有点下拉。眼角的目光透露着抗拒。手和手臂的姿势在我看来也显露了他的紧张和防御性。

这个宝宝想表达的是："到底怎么回事？如果再这样下去我也许会反抗，而且清楚地表达，我不喜欢这样。"

作为父母您应该怎样帮助这个宝宝？

仅仅通过这张图片我们看不出来到底是什么让宝宝感到不开心。也许他需要更大的空间。这时候父母应该稍微安慰他一下，和他保持更远的距离然后观察他的反应。也许那个母亲发出了让宝宝觉得不舒服的声音。这时候就可以换一个音调或旋律。

当然也有可能是宝宝因为刚才交流的刺激而感到疲倦，因此需要休息一下。这时候您就可以什么都不做，只需要认真观察他给您的信号。

请您继续观察图 6.7！在看答案之前请先回忆提到的几个问题。

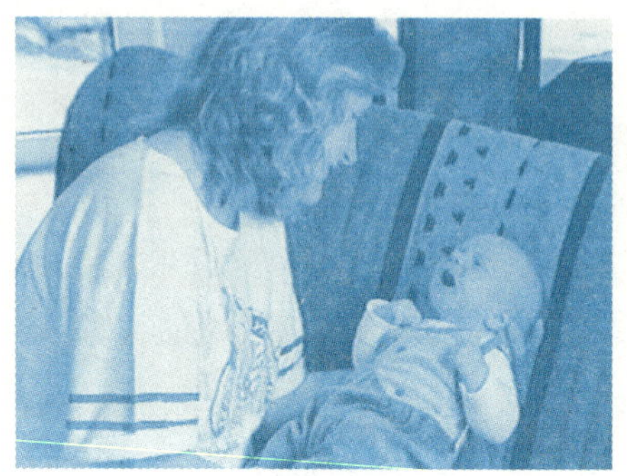

图 6.7

1. 图 6.7 中的宝宝怎么了？
2. 他给出了什么讯息？
3. 怎样用成年人的语言来解释他的讯息？

关于图 6.7 我认为：

这个婴儿很不舒服，他觉得很不愉快。人们很容易看出来，他通过自己的声音来表达自己强烈的抗拒。他的表情显得很痛苦，整个脸部线条都向下拉。他的身体姿势也显得十分紧张和表现出强烈的抗拒。小手臂因为紧张而弯曲，小手也捏成了拳头。这个宝宝表达了一个迫切的讯息：“不！不要这样！把它拿开！我受不了它了！”

您应该怎样帮助这个宝宝？

通过这张图片我们也看不出来这个宝宝想通过他的表达想抗拒什么的具体影响。因此我只能重复我对图6.6的看法：也许这个孩子需要更多的空间和距离，也许妈妈和他对话的方式让他觉得不舒服。

另外对这张图片还可以补充一点，婴儿不喜欢这种姿势。也许他更希望能躺在妈妈的怀里，被保护起来，以放松自己。

6.3　总结

在刚开始想要孩子的时候，父母的幻想中就出现有关宝宝的画面。亲子关系这时候就开始产生了。所有的这些想像在开始怀孕时显现出来继而发展为对宝宝的期待。这些想像和期待与父母的状况有关而且会影响宝宝的发展。在感觉到宝宝活动那一刻开始，母亲就开始平衡想像和现实。通过这种方式，一种情感联系在怀孕期间慢慢形成。这种情感纽带产生丁和未出生孩子之间的感情交流，而感情交流则是建立在共同的血液循环、对孩子的感知以及内部的想像中的基础上。

宝宝出生以后，亲子关系受到相处方式的影响。宝宝与生俱来就有社交的能力，然后才出现自我调节的萌芽。共同经历的特点是，父母和宝宝交替地相互回应。信号的交换有可能是成功的，也有可能会引起误解。如果成功了，这种交换就有助于亲子关系的发展和宝宝的自我调节。那些自我调节能力发育不够成熟的宝宝常常会带来消极的相互关系。父母因此常常会觉得压力过大。尽管如此，那些疲倦的父母还是应该尝试和宝宝建立一种积极的相互关系，从而能部分地对抗双方这段不顺利的时期。

前半年之后，宝宝的世界会发生很大的改变。他这时才有能力体会共同性：他可以吸引其他人的实现，理解他人的意图并经历共同的情感状态。在觉得不确定的时候，他会转而寻求父母的肯定。

另一方面，父母对宝宝行为和兴趣的反应会影响宝宝行为、思想和感情的未来发展，他对不同事件的重视程度和对不同刺激或强或弱的反应程度。敏感地对宝宝做出反应对于发展积极、安全的依恋关系十分重要。父母的敏感性会在下一章中继续讨论。

7 父母的敏感性

7.1 什么叫敏感性

有关依恋关系发展的一章中已经提到过了父母和宝宝共处时对宝宝感情移入的能力。关于第一年的亲子关系发展的研究证明，父母对宝宝的感情移入对今后的关系发展有十分重要的影响。用专业语言说就是“善感性”，Ainsworth(1974)对它作出的定义如下：

正确的感知和理解宝宝的信号以及及时且合适地回答。

答案很明确了：就是母亲或父亲能够敏感地对宝宝作出反应。应该如何设想呢？

母亲(为了简化，下文用母亲代表；但相应的文本也包括父亲)受到宝宝信号的引导，和宝宝感同身受，跟随他的状态。这样的话，即使她们不总是看着宝宝或调整他的行为，也可以及时地找到帮助宝宝的方法。她们可以用语言(例如“看”这种指示)或身体语言(例如取玩具)来对宝宝产生影响。她们注意到宝宝的行为，观察宝宝视线方向以及感兴趣的事情。有意识的克制和帮助性的行为是母亲和宝宝玩耍时的行为特

征。她们通过短暂观察就能很好地了解自己的宝宝，给予宝宝他所需要的空间，让他自己去体会、表达和发展。语言陪伴对情感层面很有帮助并可以突出相处时的共同特征，当然前提是宝宝没有因为无休止的声音或呼喊而感到压力过大。在这一方面，宝宝对儿语的兴趣特别大(参见 8.1)。

善感性并不等于过度参与，因为她们并没有取代宝宝去做自己可以做的事情。善感性还包括对宝宝独立能力的培养。

7.2 父母敏感性和宝宝的哭泣行为相互关联

谨慎地对待宝宝的哭泣并不是对他的娇惯，而是对宝宝消极信号做出的必要回应。就算是今天人们还普遍认为，如果总是对宝宝的哭闹做出反应，会把宝宝宠坏。其实早在 20 世纪 70 年代，这种想法就被研究结果推翻了。观察表明，恰恰是那些在最初的三个月没有得到相应回应的宝宝，以后会变得更加难以满足和充满牢骚。相反的，那些在哭泣时得到母亲细腻回应的宝宝会变得比较沉稳和满足。

对宝宝哭喊的反应是对宝宝自我调节的帮助(参见第三章)。在第一个发展阶段，大概是半年之后，这种哭喊的性质就改变了。它是有意识而且有目的的，可以看作是宝宝早期意向的表达。如果宝宝这一时期的自我调节和自我安慰的发展已经有了进展，那么就可以逐渐提高对他的要求。然而在出生后的第一个月里，当宝贝还在克服环境改变带来的身体适应难题时，对他的哭喊做出敏感的回应对他以后的发展至关重要。

7.3 宝宝的气质和父母的感情移入

受到发育程度以及与其相关的宝宝的能力、注意力水平、需求和当前情绪状态的影响，敏感性对不同父母的意义各不相同。为了给宝宝的发展创造一个最佳条件，需要保证周围环境对宝宝的外部刺激既不会太强也不会太弱。无论是刺激影响的持续时间、程度、速度，还是其变化性和要求都应该和宝宝注意力状态相匹配。宝宝被动或者主动的清醒状态是提供这种刺激的最佳时机。

如果宝宝可以集中注意力，通过目光表达自己已经做好了交流或游戏的准备，这时父母可以把一个物体指给他看或——如果他已经能够握住——递到他手里。只要他对这个物体还有兴趣，盯着这个物品并触摸它，那么就没有必要将另一个物体置于他的注意力范围中。但是如果他的兴趣明显减退（东张西望，寻找其他有趣的东西，无法将注意力集中在眼前的物体上），那么就是时候进行转换了。如果宝宝已经出现了疲劳迹象，如打哈欠或眼皮开始打架，这时候就不适合用外部刺激源来刺激他，因为这样他会觉得压力过大。这时候更应该让他安静并尽快入睡。

宝宝的气质也影响到父母敏感性的理解。这样来说明两种极端：一个精力充沛的宝宝比一个不太活跃的宝宝需要的激励更少，因为他们可以自己激励自己，他们能够通过动作和声音清晰地表达出自己的兴趣。相反的，如果那个不太活跃的宝宝没有得到激励的话，他会越来越退缩，而且会因为缺少环境经验而使以后的发展受到限制。

第五章提到的那些气质不安定而且敏感、对父母来说很难带的宝宝可能会对父母的感情移入造成消极影响。不安和频繁的哭闹通常会使父母感到紧张，这会明显妨碍他们的感情移入。误解又使得双方都更加紧张，因而很容易就陷入了恶性循环。父母变得更加不满足，因为他们认为自己对宝宝的不快乐负有责任。他们被越来越强烈的失败感和无助感击垮。在这种情况下，如果希望能够向好的方向转变，至关重要的是，父母可以重新振作起来。

不安静而且容易哭闹的宝宝，他们的神经比较容易受刺激。强烈的、富于变化的刺激就算可以使他们暂时平静，但也可能会让他们更加不安。实际上会让他们始终处于高度兴奋的状态，因而很难平静。变化多端的、激烈的游戏起到的短暂安慰作用可以证实这一点。这样的话，父母需要不断加强刺激的程度才能达到相同的镇静效果。然而这样做实际上会使宝宝神经系统的负担过大。为了帮助他们自我调节，那些不安静的宝宝需要可以使他们安静的刺激。也就是说，他们比其他宝宝需要父母更多的感情移入，这样父母才能意识到宝宝疲劳和缺乏兴致的早期预兆并做出相应的回应。很多这样的宝宝都没有得到能够帮助他们的机制，因而“自我沉沦”。这种机制就是，当出现刺激事物的时候，让他转换到睡眠状态或平静下来。刚开始时，最好由照看人来带给宝宝平静。可以尝试的方法有：抱着宝宝温柔地摇晃（不是摇摆），温柔地从上到下地抚摸他或慢慢地降低音量。重要的是为宝宝创造一种平和感和安全感并且阻拦所有的外界刺激。那些想要帮助过于敏感的、常常哭闹的宝宝的父母可以尝试这几种有助于宝宝自我调节的方法。

在下面的练习中，您可以尝试作为父母并移入自己的感情。

请观察下面的照片并试着回答以下这几个您已经熟悉的问题。

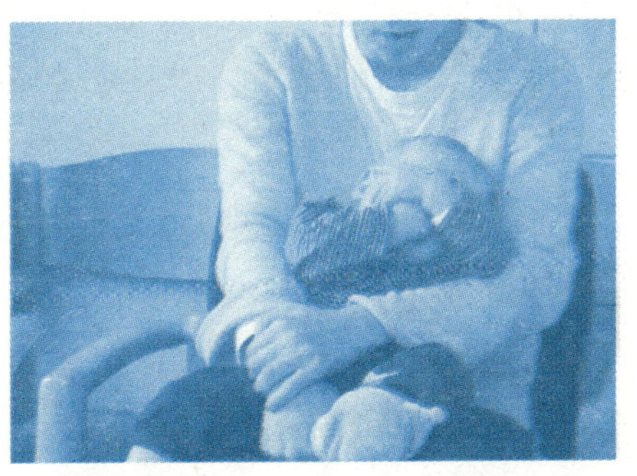

图 7.1

1. 这个宝宝感觉怎么样？

2. 他用哪些具体的行为方式和信号来表达自己的感觉？

3. 请将他的讯息翻译成成年人的语言。

在阅读下面的内容之前，请先认真地准备这三个问题。我的解释是这样的：

这个宝宝虽然在哭闹，但眼睛已经快睁不开了。这就说明他累了。也许不久前他还打过哈欠呢。在宝宝做出如图中这般激烈的反应之前，打哈欠通常是第一个信号，它很容易被忽略。

宝宝的讯息是："我累极了，需要马上睡觉。帮我平静下来吧，这样我才能入睡。"

您作为父母应该怎样反应？

如果宝宝已经和照片中宝宝一样处于一个过激的状态，安慰他会是一件很困难的事情。这种情况下要求父母自身能够平静，面对宝宝长时间的哭闹和不满也不至于失去耐心。保持自身的冷静非常重要，因为父母内心的平静对安慰宝宝有着决定性的作用。宝宝在父母怀抱中，通过和父母的身体接触感受到他们的平静，因而自己也能安静下来。

父亲或母亲应该首先让宝宝感受一段时间(几分钟)的安慰性的身体接触,然后立刻将他抱到床上,让他能够入睡。为了帮助他入睡,应该将房间的光线调暗并且避免一切外部刺激,然后关上门窗,不让宝宝被噪音打扰。宝宝已经躺到了小床上,父母应该陪伴他直到他安然入睡。父母可以温柔地抚摸和用轻柔的(安慰性的)语调对他讲话或唱歌。

这时候给婴儿喂食或者喂奶来使他平静都是不适当的行为。因为这样他有可能将入睡和进食或喝水联系在一起,从而失去发展自我安慰和转移注意力的机会。

如果您自己也因为宝宝的哭闹而觉得不安和紧张,那么您可以请求那些比较镇定的人来哄宝宝睡觉。

现在请观察图 7.2 并再次回答问题。

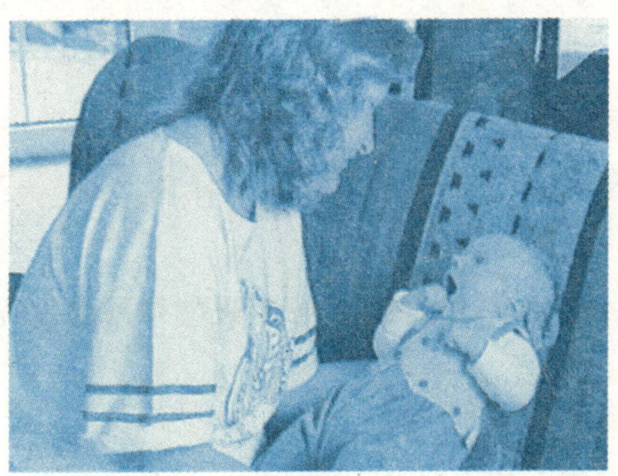

图 7.2

1. 这个宝宝感觉如何？
2. 他用哪些具体的行为方式和信号来表达自己的感觉？
3. 请将他的讯息翻译成成年人的语言。

在我看来，图 7.2 说明了以下问题：

这个宝宝显得很紧张。虽然他和妈妈之间有目光接触，但是从他手臂的姿势可以看出来，他刚刚非常紧张。他的肩膀耸起，小手握成了拳头，在第三章中(参见 3.2)我就指出了这是兴奋或紧张的一种信号。宝宝的右拳放在张大了的嘴边。他想把手或者拳头放进嘴里以吸吮。在第四章中(参见 4.2)我就提到过，吸吮自己的手指或手是宝宝一项重要的自我安慰(自我调节)的能力。因此可以猜测，图片中的孩子可能因为某件事情而感到了过大的压力。他想对妈妈说："我现在觉得很紧张，需要您的安慰。"

在这种情况下，您作为父母应该怎样帮助他呢？

我们不知道是什么事情让这个宝宝觉得紧张。有可能是现在的姿势让他觉得没有安全感，也有可能在和母亲长时间的对话中，他有太多东西需要消化(目光接

触、声音和话语、表情)。当然也有可能是两种原因的共同作用导致宝宝现在需要一段时间来放松。

作为父母您应该尝试改变婴儿的姿势,观察他是否会放松下来。通过拥抱以及身体接触,他也许就会更有安全感,感觉到身体受到保护,从而放松下来。此时也建议父母适当地克制自己的行为并安静下来。您只需要观察宝宝是否因此而变得放松。此外您还可稍微帮助他一下,将他的小手引向嘴边,让他可以吸吮自己的小手。这个动作让他知道以后应该怎样做,当他独自面对这种难题的时候,他就可以更好地自我调整。

另外您也可以考虑,宝宝可能需要单独呆着,不需要任何接触。这种情况下,您可以把他放回属于自己的小角落或者小床上然后观察他的反应。

请继续观察下面的图片,并在查看答案之前尝试找到答案。

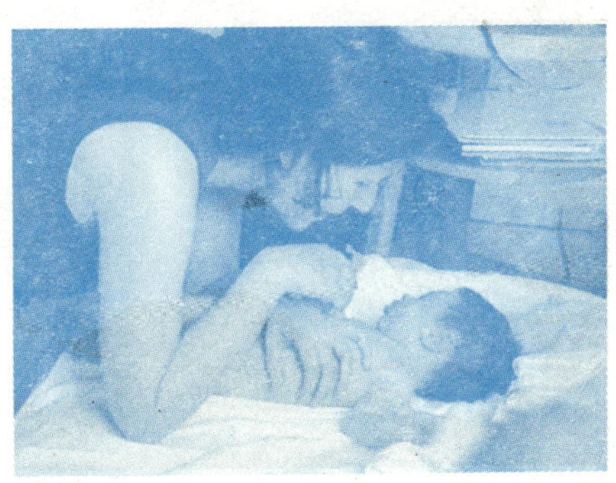

图 7.3

1. 这个宝宝感觉怎么样？

2. 他用哪些具体的行为方式和信号来表达自己的感觉？

3. 请将他的讯息翻译成成年人的语言。

我认为图 7.3 中发生的事情如下：

图片中的宝宝此时非常紧张。可以清楚地看到，他将头转向侧面，远离他的妈妈。他的脸显得严肃而难以接近。从照片上糊掉的左臂我们可以看出他动得厉害。实际上，从截取这张照片的视频片段中可以观察到，这个宝宝的头不停地从一侧转向另一侧，同时挥动着小手臂。这说明，他极力想躲开亲密的接触。从他的肌肉力量和动作可以看出来，他在主动地抗拒目光接触。

他的讯息是："不！我不想继续下去！我已经受够了！"

您应该怎样对待这个孩子呢？

其实很简单，而且只有一种方法：如果您收到这种

讯息，那么就松开孩子，收回自己的身体，和他保持距离，让他有更多的空间。稍微等待一下，然后观察宝宝的下一个讯息。他又开始和您有眼神接触了？如果是这样，那么他在告诉您，他现在已经准备好继续和您互动。也许在之后的游戏中，您没有太过于靠近您的孩子。他还是把头转向一侧？那就应该意识到，他现在累了，希望能单独呆着。在确保他不会被冻着或掉下床以后，就给他一点独处的时间吧。也许他很快就会入睡。

请放心，一旦他的兴趣被重新唤醒或者他已经休息够了，您就能够注意到他对接触和交流的渴望。

请观察图 7.4 并借助这几个问题判断，宝宝想要传递怎样的信号。

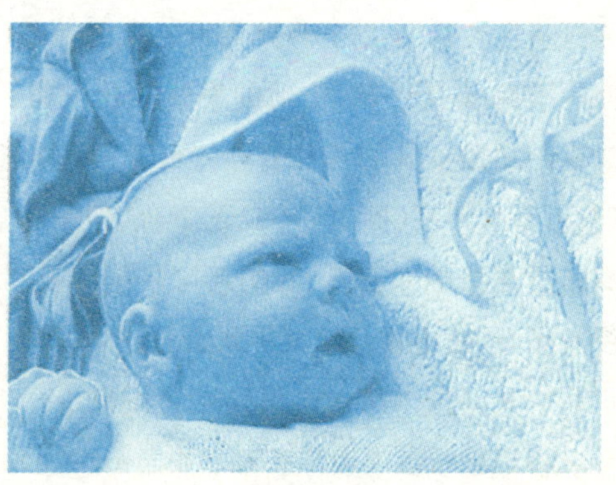

图 7.4

1. 这个宝宝感觉怎么样？

2. 他用哪些具体的行为方式和信号来表达自己的感觉？

3. 请将他的讯息翻译成成年人的语言。

我对图 7.4 的看法如下：

图中的宝宝既觉得好奇同时又很怀疑。他的注意力集中在一个位于我们视线外的事物上，也许是一些陌生的、新奇的东西。他的额头皱了起来，这表示他的大脑正在紧张地工作，努力将自己看到的东西归于自己已经熟识的类别中。他的面部表情告诉我们，对一个几周大的宝宝来说一点也不轻松。他的眉毛皱在一起，使他的表情看起来有点闷闷不乐。但是嘴巴却是张开的。他的感知对象似乎并不十分明确，而是有点令人不悦(例如一个人脸素描，但是这个人却少了一只眼睛或类似的东西)。我们还可以继续观察，宝宝的小手并没有张开，这也预示了某种焦虑。

我们可以获得以下与宝宝表情相符的讯息："我完全被这个陌生和模糊的东西吸引了。我从来没有过这样的经验，它让我感到很紧张。"

此时您作为父母应该怎样帮助您的宝宝呢?

首先仅需观察,宝宝是更加不安或者开始变得放松?您可以用充满理解的、抚慰的儿语对他讲话。等待和观察是为了给宝宝提供自己面对挑战的机会并让他增强自我实现感。这对他将非常有利。

但是如果这种紧张感逐渐发展为不愉快,那么您就应该将这个过分的刺激对象从宝宝的视线范围内移开。这样您就可以帮助他放松,并保护他的内心不会受到过分刺激。此时用简单明了的东西就可以重新唤醒他的兴趣。

7.4 总结

正确地感知和理解宝宝的信号,及时并正确地回应是父母敏感性的四个方面。感觉细腻的父母在与宝宝交流和玩耍的过程中能够受到宝宝的引导。通过对宝宝需求和情绪的感知,他们能够了解宝宝的状态和需求。在宝宝刚出生的几个月里,如果能对宝宝的哭闹做出细腻的反应可以帮助他的自我调节。这对宝宝今后的发展有着十分重要的作用。

宝宝的气质特征当然会影响父母感情移入的能力。由此产生的误解可能导致双方的不满以及出现消极的相互关系。那些常常哭闹而且不太安静的孩子或婴儿常常会受到过分刺激,然而这也是由误解造成的。他们比其他宝宝需要父母更多的感情移入,因此被认为难以管教。父母能够重新振作,对于和宝宝相处始终很重要。

父母的移情能力和面对宝宝时的本能行为关系密切。我们将在下一章中继续讨论这个问题。

8 父母如何正确地进行本能反应

母亲应该乐意和宝贝一起玩耍或进行短的对话，这是和宝宝建立联系的前提条件。这种情况下应该让宝宝引导自己，其前提是感情移入。另一方面，这和对宝宝信号的本能反应之间有着紧密的联系。

什么是对宝宝的本能反应呢？这是一定可以办到的吗？现在我将详细地探讨这一点，尽管很多人认为本能说缺乏科学依据。

8.1 什么叫做父母的本能行为

宝宝的信号可以引发成年人和宝宝的一系列行为，这在世界上任何文化体系中都是一样的。典型的有：

1. 用非常简化的语言，即儿语来交谈。这里使用的一般都是很短的表达（例如“您好”），只有一到三个音节而且很大部分是延长了的元音；语言简化（例如用“汪汪”代替“小狗”），也包括语法；这些表达携带的信息不多；儿语式的表达更加温柔、缓慢、有节奏而且音调较高；声音的频带更宽，音调大概上升三个半音程，另外音域也扩大到两个八度；常常用到重叠词（“恩恩”“喔喔”）；更加强调重音，并且将表达套在旋律中。儿语是被研究得最多的本能行为，被认为是本能行为的代表。对于宝宝来说，儿语代表了对身体调节的适应，因此可以很好地和发展状况相配合。也就是说，父母正好在宝宝刚开始发展“听”和“说”的能力时对他起到了接应。宝宝的听觉对较高的频率格外敏感，节奏和旋律可以起到调节神经系统兴奋程度的作用，至于话语的内容则并不重要。因此他们对成年人的语言并不感兴趣而且容易感到压力过大。一项研究找出了母亲的语言和母亲对宝宝移情能力之间的联系：那些主要用成年人的语言和宝宝讲话的父母，通常感觉不太细腻。通过使用儿语父母可以和宝宝感同身受。

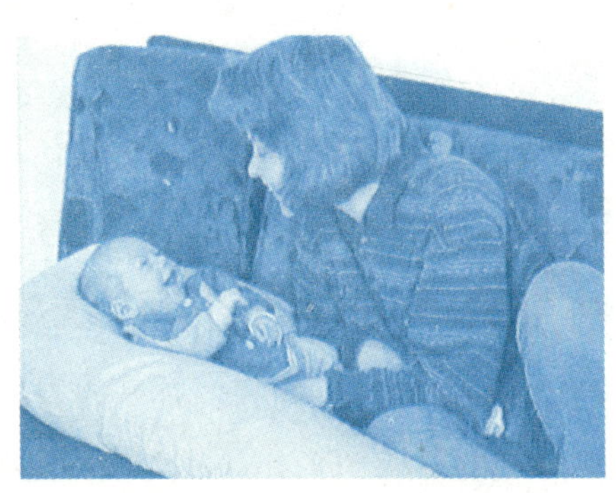

图 8.1 当母亲用儿语和宝宝交流时，宝宝会发出愉快的声音并做出开心的表情

2. **声音和表情模式**。过分强调声音和表情并不利于宝宝尚未成熟的感知能力。夸大的表情和示范性的声音很容易辨认。学习和区分的过程就会逐渐到来。在所谓的打招呼反应中，母亲抬高眉毛，皱起额头，睁大眼睛，张着嘴对着宝宝笑然后使劲地点头，作为对宝宝接受了目光接触的回

应。这样就产生了交流并赢得了宝宝的注意力，就像在打招呼一样。

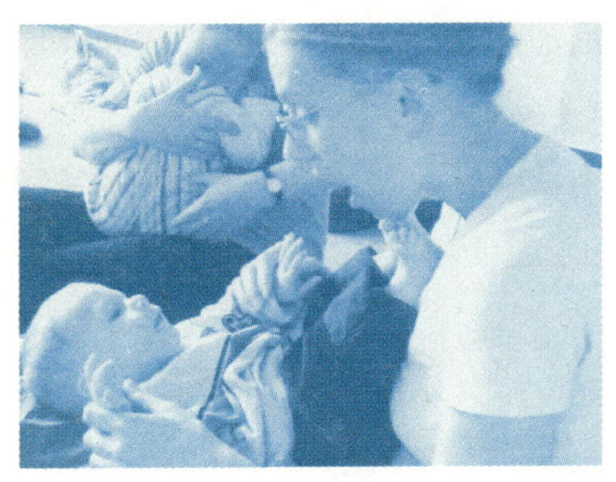

图 8.2 只要宝宝感受到了目光接触，母亲就做出问候的反应

3. 距离宝宝脸颊的最佳距离为 21—25 厘米。这个距离和人们在阅读时和书本保持的距离相同，它配合了宝宝最初的视野范围并且有利于互相理解。就连那些认为宝宝什么都看不见的人也会“自动”保持这样的距离。

4. 对宝宝反应的模仿和反馈能够增强他的自我感知并有助于宝宝自我意识的发展。

5. 妈妈触碰宝宝的嘴部区域或打开宝宝的小手会让宝宝的肌肉舒缓，通过宝宝准备共处的状态上可以证明这一点。而例如紧紧握住的小拳头就表示了一种相当紧张的状态，有可能是强烈的刺激使宝宝压力过大。宝宝会不安甚至开始哭闹。如果小手稍稍张开，而且宝宝正好醒着，那么这就是注意力状态最佳的时候。

6. 通过温柔的、有节奏的刺激来安慰他。父母可以有节奏地摇晃、抚摸和轻拍宝宝，给他带来安全感，使他平静。

7. 让宝宝停止哭闹的需求。宝宝的哭闹会引发让身体不舒适的症状：心跳和呼吸加速，汗量增加，肌肉更加紧张。人会变得紧张不安。

8. 宝宝半岁以后，共同的小游戏例如“拨浪鼓”可以给他带来很大的乐趣，因为这时这些小游戏可以促进宝宝某些能力的发展。

9. 影响宝宝注意力状态的刺激形式。减小用手掌抚摩他的力度或降低音量可以起到缓和和镇定的作用，而增加抚摩的力度或增加音量则会起到刺激作用。

8.2 本能行为有什么地方值得注意

以上提到的所有行为方式都是自主的，它们几乎是不知不觉就发生了，就像是自动的；至少不是由意识直接控制的。在宝宝发出信号的200—800毫秒后就会发生这些本能反应。触发本能的原因存在于宝宝的示意、表情、动作和其他信号，也就是我描述过的那些。就像已经提到过的一样，本能行为有助于帮助和促进宝宝的行为调节，因此也有利于宝宝的发展。宝宝的注意力和感情状态受到父母行为的主导。本能“系统”使调节更加完善。它能补偿宝宝发展的“缺陷”并且产生能够帮助宝宝发展的激励因素。父母会替宝宝做一些他还无法做到的事：安慰宝宝，抱着宝宝，为他取来他感兴趣的物品或捡起他不小心掉落的物品等。

由于无论年龄、性别、文化存在什么差异，都存在这种本能系统，因此有人认为这是一种进化继承。这种说法认为，母亲的工作其实也可以由另一个人来完成。和移情能力之间的联系已经在描述儿语时提到过了。

为了认识到您自己的本能，请继续下面的练习。

观察下边的图片，请您在查看我的解释之前准备回答问题。

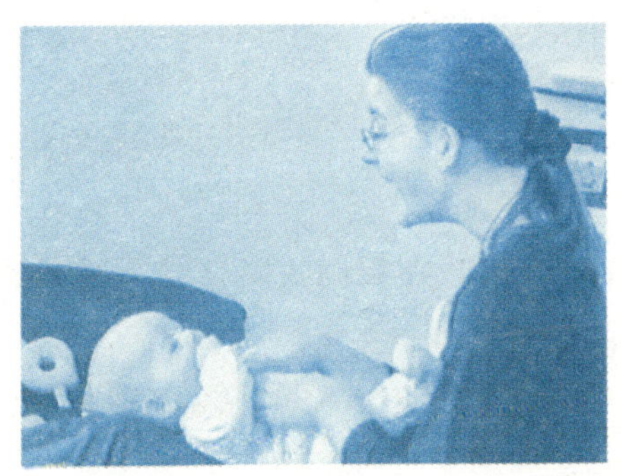

图 8.3

1. 这个宝宝现在感觉如何？
2. 通过他的状态，他发出了什么样的信号？
3. 怎样用成年人的语言来解释他的讯息？
4. 您怎样看这个妈妈的行为？

我的建议是：

这个宝贝十分愉快，正如他通过微笑的表情所表现出来的一样。他觉得一切有点令人兴奋，因为他正吸吮着自己的小手。

他的讯息是："恩，恩，继续，这样很有趣，我很喜欢和您一起玩耍。"

您可以明显地观察到母亲做出的是问候反应中的点头动作。当宝贝和她的目光接触时，她本能地抬起头表示接纳，眼睛和嘴巴都张得很开，一边微笑一边点头。

请您观察图 8.4！在阅读我对这张图片的看法之前，请借助以下的问题进行独立思考。

图 8.4

1. 这个宝宝现在感觉如何？
2. 通过他的状态，他发出了什么样的信号？
3. 怎样用成年人的语言来解释他的讯息？

我的答案是：

图 8.4 中的宝宝显得有点心不在焉而且缺乏兴致。这种印象源自于他躲避的目光以及稍微偏向一侧的小脑袋。宝宝会通过目光躲避来表达自己没有兴趣(参见 3.2)。

因此他想说的是："我需要休息一下来消化和您玩耍时吸收到的信息。"

现在请观察图 8.5！

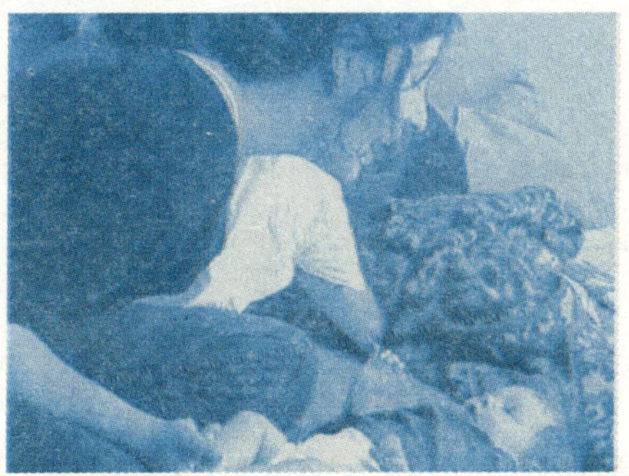

图 8.5

1. 这个宝宝现在感觉如何？
2. 通过他的状态，他发出了什么样的信号？
3. 怎样用成年人的语言来解释他的讯息？
4. 您怎样看待这个妈妈的行为？

我对这张图片的印象如下：

通过眼神接触、张开的嘴巴和他放松的、打开的身体姿势表达他对和妈妈互动的兴趣。他想要研究妈妈的脸庞并倾听她的声音。他表现得平静而且兴致勃勃。

他的讯息是："我看到的和听到的很有意思。看着您并且听着您的声音让我感觉很舒服。因此我希望您继续下去。"

同样，在这张照片中我们也能明显地体会到母亲的问候反应。她抬起了头同时嘴也张得很开，然后头向下做出点头的动作。这都是对宝宝接受眼神接触的反应。

接下来请观察下边的图片并思考问题。

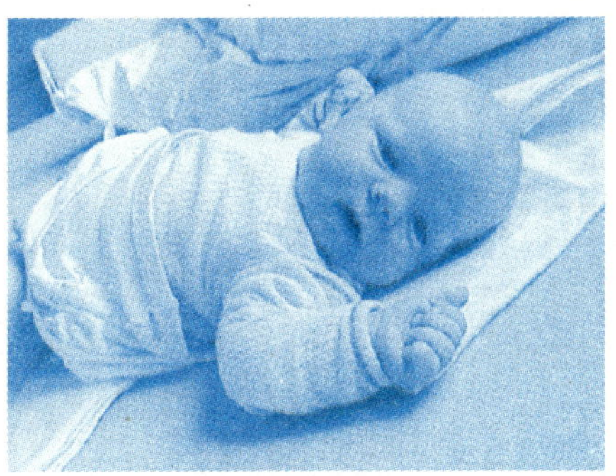

图 8.6

1. 图 8.6 中的宝宝现在感觉如何？
2. 他是通过什么表达自己，发出了什么信号？
3. 怎样用成年人的语言来解释他的讯息？

我的回答是：

这个宝贝通过攥紧的拳头表达他很紧张。拳头是证明他受到某些事物过分刺激的信号。

他的讯息是："现在我觉得有点过分了，因此我不想聊天。"

您应该怎样帮助这个孩子？

如果想让他放松并且对接触产生兴趣，这时候就需要保护他不受外部刺激，也不要和他讲话。这个孩子的父母应该尝试通过观察找出让他紧张的根源。如果有可能则应该尽快克服这个原因并且让周围更加安静。如果宝宝稳定下来了，小手重新张开和放松，他就会重新和您接触，将目光投向您或者朝着您笑并对着您发出声音。

8.3 什么情况下本能行为会受到阻碍

本能行为是和宝宝成功和谐地一起玩耍和交流的前提条件——无论是在给他喂食、穿衣、洗澡期间还是在单纯地和他一起游戏和聊天。但并不是所有的父母和照看者都可以做到这一点。能够感受自己的童年早期的体验并且和自己内心的孩子接触是一个人具有本能父母行为的前提。对宝宝的移情作用建立在这个基础上。如果自己——也许是困扰或痛苦——的童年时代有挨饿的经历和感情受到阻碍，那么就有可能无法和宝宝建立真正的内部联系并且消磨父母的精力。如果父母回避自己的深刻情感，那么会产生一种（反抗）力量使他们无法利用自己灵敏的感觉。

特别是那些情绪消极和沮丧的人，他们在需要使用本能时会遇到困难，因为他们承受着很严重的精神痛苦。在家庭中、夫妻关系中、朋友关系中或职业方面受到的挫折也可能成为阻碍。压力、疲倦、担心、不愉快的童年经历和心理疾病同样也是风险因素。

“产后抑郁”

很多女性在生育之后都会出现难过的情绪。生育后的沮丧或者说“产后抑郁”是指女性在分娩后十天内出现的短时间的抑郁症状，大约50%—80%的女性会经历这一过程。一般出现在生育后的第一周。典型的抑郁症状包括：

- 感到沮丧并经常哭泣。
- 伤感而且情绪波动大。
- 困倦和疲乏。
- 难以入眠和平静下来。
- 担心并很容易受刺激。
- 注意力很难集中以及其他症状。

因为产后抑郁的时间很短而且几率很大，因此被看做是正常且无害的。但这并不代表可以因此不去关注产后抑郁症。出现产后抑郁的女性最好能向一个理解她的人倾诉。

如果这种不好情绪持续的时间较长（超过两周），可能会发展为持续的沮丧。大约10%—20%的产妇会经历产后忧郁，产后忧郁可能出现在宝宝出生后第一年的任意时间段。

但是一般情况下都出现在分娩后的两个月内。产后忧郁的发展一般是在不知不觉中进行的。经历过产后忧郁的女性一般有以下症状：

- 我越来越感觉到筋疲力尽。
- 终于生了宝宝，我应该感到幸福，但是却常常难过和哭泣。
- 生育之后，我身体的反应改变了，反应时间也变长了。
- 我的吃饭习惯发生了改变。
- 我竭尽全力才能使一切保持正常。
- 我不希望别人发现我的压力过大。
- 以前我对任何事情都兴致勃勃，如今我的生活了无乐趣，而且对自己的能力产生了怀疑。
- 我无法集中精神。
- 我会忽然无缘无故对宝宝生气。
- 尽管很累却难以入眠。
- 我的生活越来越多地被一种无望的感觉所支配。

如果一个母亲情绪沮丧或因为意志消沉而备受折磨，她就无法或只能从宝宝身上获得很少的快乐。她们的表达受到了阻碍并仅限于那些必不可少的交流。这些女性似乎很少甚至从不理会宝宝想要接触的尝试，有时这种尝试甚至是十分明显的。宝宝很难接近她们。她们很难和宝宝一起玩耍，和宝宝的接触仅仅是为了照顾他。因此会产生这样的危险，宝宝得不到足够的情感关注。消极的母亲很少或几乎不会对宝宝讲话，她们的表达通常非常简短。就算是对宝宝讲话也会十分节制，就像是在和成年人对话一样。她们无法和其他母亲一样接受和反射孩子的电磁波信息，而是显得不易接近。她们不允许自己使用儿语或做出其他夸张的行为(例如表情)。在某种程度上，她们根本没有能力和自己的经历之间建立联系，似乎把自己封锁起来了。她们担心自己会受到情感的束缚，因此必须有所保留。

因为宝宝很容易受到这个问题的影响；如果一个母亲在这种情况下得不到帮助，那么这种情况很有可能会继续恶化。她迫切需要释放自己的内疚感，需要得到别人的认可，希望别人理解她的症状是因为压力过大。新的使命让她们几乎筋疲力尽，因为她们希望做到最好。

如果希望重新为宝宝带来快乐，母亲需要一个完全属于自己的“时间小岛”，在这段时间她获得平静并且追随自己的内心感觉。在很多经验中，雇佣一个保姆是“可以选择的方式”，可以明显地帮助女性从日常家务中解脱出来。给自己“加油”过后的一段时间里，母亲可以和宝宝建立让双方都感到愉悦的关系。

一般情况下，如果出现了很明显的忧郁症状，那么就应该考虑寻求专业人士和心理医生的帮助，因为严重的、比较深层的精神问题需要专业的治疗。专业的对话引导是治疗中最基本的内容，这种治疗需要持续较长的时间。如今寻求这种帮助已经成为了现实。在网站“光与影”（www.

schatten-und-licht.de）上这些母亲可以找到德国大量的互助群体、治疗、诊所和护理站的地址，他们都致力于帮助那些受到产后抑郁症困扰的人，并且在这方面都有长年的经验。如今德国也有一些医院可以同时让母亲带着宝宝入住数周，以治疗她们的抑郁症。人们很喜欢这种方式，因为这样一来妈妈和宝宝就不必分开了。如果您自己或您的伴侣出现了产后抑郁症状，您不应该觉得害怕，而是坦然面对并寻求帮助。帮助是可以获得的，如果始终避而不谈则会加剧母亲和宝宝关系的恶性循环以及随之带来的痛苦，这是完全没有必要的。对您来说也一样。

宝宝带来的负担

宝宝也会造成障碍。例如，如果他是个早产儿，或者由于难产，母亲需要一段时间恢复，又或者宝宝的气质属于那种需要特别多感情移入的，很容易不安和哭闹。和宝宝相处过程中感受到的压力会妨碍父母的本能行为。宝宝因此缺少自我调节的帮助，变得更加不安静，这又会给父母带来新的压力。这种恶性循环对于很多人来说并不陌生。无论是宝宝的哭闹、气质特征、抑郁症还是工作上的压力，如果希望本能系统发挥作用，那么一定要使自己处于放松和平静的状态中。

最重要的前提是能够常常和宝宝一起度过愉快的时光，享受这段时光，在游戏中开发他的创造力，全身心地接纳宝宝和宝宝的速度。可以说，至少需要部分地消除自己的生活方式带来的某种负担，然后就可以设置优先权，雇佣一个保姆或祖父母的房主能够给父母创造更多享受愉悦的必要空间。

8.4　总结

面对宝宝的典型本能行为包括:用儿语说话,夸张的声音和表情,和宝宝脸部保持最佳距离,接触宝宝的嘴部和小手,通过节奏使宝宝安静,让宝宝停止哭闹的需要,共同玩耍和影响宝宝状态的不同刺激形式。

本能行为是由宝宝的信号激发的。它们的发生通常是无意识的,能够对宝宝的行为调节起到帮助作用。

感到沮丧、周围环境的压力、混乱和负担以及精神疾病会对本能行为造成阻碍。还有一个特殊的例子是产后忧郁症。宝宝的气质也有可能影响父母的行为,本能行为的前提是放松和冷静的状态。如果可以全身心地接纳宝宝的独特性并准备好享受和他一起共处的时间,那么本能行为就会自然而然地发生。

9 父母的关系及其对宝宝的影响

在接下来的几页里，我们将一起探讨夫妻关系的发展，这是宝宝发展的基础。当一对夫妻开始迎接第一个孩子的时候，他们的生活就发生了翻天覆地的改变。这对双方来说都是一种很大的考验，只不过男性和女性所面临的考验不同。父母的转变期包括女性的怀孕阶段和宝宝出生后的第一年。在这段时间里，夫妻的生活会出现明显的变化，会间接影响到宝宝的发展。

9.1 成为父母的转变期

成为父母的转变期是家庭生活过程中的一段十分重要的时期。大多数人会为家庭中的这一发展而努力并用不同的方式来克服此过程中出现的困难（例如结婚、青春期等）。关于这一方面的研究很多，其中有些甚至可以追溯到 20 世纪 40 年代。夫妻关系的满意程度是最常研究的对象。大多数研究报告都认为在第一个宝宝出生后，夫妻之间的满意度会慢慢下降。

我对大量广泛的有关夫妻关系和交流的心理学研究结果做了一个摘录，您将在本节的后面看到。这个摘录当然不可能是完整的，但是我还是想把最重要的部分简单地介绍给大家。为什么有了宝宝之后，夫妻之间的满意度就会下降呢？

新情况的挑战

矛盾的情感：在怀孕期间就开始经历矛盾的感觉，一定要忍受并克服这种感觉。一方面准爸爸准妈妈充满了喜悦的期待，另一方面也有可能常常出现强烈的焦虑感。和宝宝关系的发展会唤起对自身受教育经历的回忆。怀孕期间正是人们思考并"加工"这些回忆的阶段，而且通常是在无意识的情况下进行的。

夫妻的角色转变：此外还需要重新定义夫妻关系。从伴侣变成父母。除了配偶之外还将成为母亲和父亲。角色被重新定义。父母的身份意味着更多重要的责任：关照、关心、抚养和教育。

夫妻在（新建立的）家庭中的角色改变常常会导致：女性的职业角色发生改变，至少在一段时间内，因为她开始休"产假"；如今，越来越多的男性也乐意休这个假期。宝宝出生后，人们在自己父母面前的角色也发生了变化。很多家长说，在有了宝宝以后，自己和父母的关系变得比较缓和；但另一些人却会和自己的父母划分更明确的界限。

所有关系的改变：随着角色的重新设定，其他人际关系也发生了变化。这些关系也重新构成：除了夫妻关系之外，和未出世宝宝的亲子关系、和亲朋好友之间的关系、工作上和同事及上司的关系都会受到影响。新的兴趣产生了，也就是那些和宝宝以及家庭有关的主题。这些话题并不能和以前认识的所有人分享，因此也导致（部分是暂时的）失去一些社交联系。

自身的改变：随着关系的重新建构，人们自身也会发生改变。全新的经历和挑战会引发自我认知和自我体验的改变，从而影响到自我认同。人们会重新发问："我是谁？我将变成什么人？我将何去何从？"自身的改变又反过来影响个人关系。这两个方面是紧紧相连的。夫妻关系中最容易感受到这一点。在下一节中我会继续讲到这个话题。

父母的关系在宝宝出生以后会怎样发展？

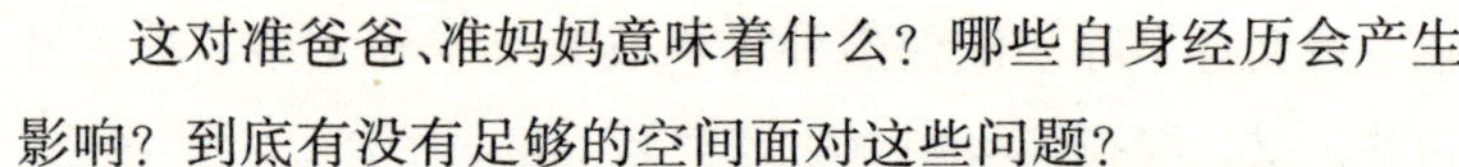

这对准爸爸、准妈妈意味着什么？哪些自身经历会产生影响？到底有没有足够的空间面对这些问题？

新情况带来的挑战是广泛而又复杂的，生活的很多方面都发生了改变。下面我们选取了夫妻共同生活的几个不同方面，很有可能在成为父母的转变期成为冲突的根源。

父母的角色分配：研究结果的一部分表明，任务分配是造成夫妻关系消极发展的根源。宝宝出生以后，夫妻很容易按照传统的角色分配去生活。可以说，这种传统的影响比他们预料的还要强烈。具体来说就是，女性照顾宝宝并完成家务，男性则担负起养家的责任。这时候，男性还必须经过另外一个新的调整阶段，因为如今人们也开始对男性提出移情能力、社交支持和帮助照顾宝宝的要求。但是他们中的很多人并没有合适的榜样。

传统的角色分配并不一定和负担有关。如果人们重视家庭的价值，珍视孩子带来的喜悦感并尊重作为孕妇和母亲的女性（就像在东方文化和西方文化中已经广泛深入的那样），那么夫妻关系满意度就能维持在原来的水平。

相似的，还有夫妻留给对方的时间减少也会起到阻碍作用，情感交流和性行为的方式可能会发生改变。当然这也取决于夫妻的价值观。如何看待自己的处境和角色在很大程度上决定了是否会因为宝宝的产生感情隔阂，是否会出现争吵和怒气。

夫妻的隔阂：宝宝出生后，夫妻两人通常是单独行动的，他们平日能够共处的时间很少。这对于母亲的影响更大，但是母亲可以通过和宝宝相处来补偿那些由于夫妻隔阂而产生的不愉快。

性差异：如果双方性体验的差异随着时间越来越大，这也会造成夫妻关系的改变。爱抚和亲密的接触变少了，这常常会导致失望或夫妻争吵。因此双方很容易处于一种僵硬的互相对峙的局面，矛盾得不到解释的机会，一开始是因为没有时间，后来则是因为双方都坚持自己的观点。

对自由的向往：不难观察到，宝宝出生以后，业余活动的范围一般就仅限于可以在家庭中进行的那些。和朋友圈的接触减少或者仅限于和亲戚之间的来往。家庭成为了社交的主要部分。

原生家庭——示范：同样不容忽略的是，夫妻双方在各自原生家庭的经历也会对夫妻关系产生很大的影响。只要没有被压制或改变，夫妻关系模板通常会影响好几代人。在双方都觉得压力很大的时期，就会转向自己熟知的事物，然而这样也只能得到暂时的缓和。

9.2 宝宝出生后父母将面对的典型问题

如果说以前并不需要容忍和镇静，那么在新的情况中，这一切都得改变，每一对夫妻都会产生需求上的矛盾、紧张、焦虑、内心的不平静，无论这种情况是期待已久的、正面的或者刚好相反。个人的内心生活会产生一种不平衡感。父母双方都会经历到自己身上新的层面。这种不平衡感会产生怎样的影响取决于自身的状态和过去。这里我们同样要提到"调整"：父母双方都应该找到各自新的情感平衡点。学习对待内心的平静，重新调整自己，是这段时间的一个重要学习过程。和其他人的关系也会受到影响。双方需要面对的另一个挑战出现了，即找到新的、共同的平衡点。基于男性和女性完全不同的经历方式，需要给予对方更大的发展空间，这是对伴侣之间宽容程度的一次考验。最好将它称为一种平衡行为。

> 由于男性和女性的发展过程差异很大，不可避免地，他们对这一共同境况会有明显不同的看法。当然也有可能双方都感觉自己是独自面对这个状况。

因此，实际上常常会出现这种众所周知的情况：母亲比父亲对宝宝投入更多的精力。她们在和宝宝相处时能够获得对自己不确定情况的认可。不同于男性，在有关教育的问题上她们认为自己是专家。而男性则更像一个旁观者。他们四处奔波，很少和宝宝在一起，因而被认为缺乏积极性，这些都会影响到家庭生活。夫妻双方的生活渐行渐远，每个人都只“维护”自己的看法，对夫妻关系的满意度逐渐下降。双方都认为自己被误解了，不知何时也就开始感到失望。这种情况通常会导致女性更加专注在宝宝身上。而男性则会保持越来越远的距离。他们会希望在家庭以外的地方得到补偿，大多数人会更加投入到工作上去。怎么会这样呢？有没有可能避免这种状况呢？

美国的一对学者夫妇(C. P. 和 P. A. Co-wan) 指出，促使父亲成为旁观者在很大程度上和母亲的行为有关。她们认为自己是孩子的教育专家，因此非常不愿意在这方面做出妥协。这样就会导致，她们允许父亲和宝宝相处的空间很小，或者常常以帮助为由干扰父亲和宝宝之间的相处。那些需要在很短时间内转换为父亲角色(相对于母亲)但并不是从小就熟悉这一过程的男性因此会明显变得不知所措。他认为母亲对于宝宝的关注是对自己的指责。因此男性会开始逃避，通常是躲到工作世界中，在这个世界里他们对自己的重要性比较肯定而且可以体验到成功的感觉。很多父亲转而尝试在自己已经扮演了很长时间的角色中寻找安全感。而女性则将男性这种典型的逃避行为解读为“没有兴趣”。

这种误会是很多有孩子的夫妻关系中一种十分典型的冲突。

一种悲哀和没有出路的状况？如果双方都希望恢复原来的关系，前提条件是，每个人都能了解对方的情况并理解对方的看法。我想在下面的段落里使您明白这两种观点。

准妈妈

当女性成为了母亲，她的精神状况会在几个月内甚至几年内出现根本性的改变。这个现象一方面是由于怀孕和生育时出现的荷尔蒙改变，尤其是第一胎的时候；另一方面则是由于女性会因为生了宝宝而面临新的情况，她一直以来的生活主题的重新排位。如今以下的主题占了主导地位：

1. 自己童年时代和母亲的关系；
2. 自己成了母亲；
3. 宝宝。

女性一旦成为了母亲，她的世界就改变了。下面简短地总结了她们面对的最重要的问题。

我有能力很好地陪伴宝宝的人生和成长过程吗？我能否保证他的生存和发展？这些问题使母亲们赋予喂食和哺乳以特别重要的意义，不断查看熟睡中的婴儿，确保他们还在呼吸。这背后一个很重要的焦虑就是，害怕他的生理机能出现问题。在成为父母的转变阶段中，下面的问题会以不同的方式出现。

我能不能和宝宝建立情感纽带？我会爱自己的宝宝吗？他能察觉到我的爱吗？我能理解他并帮助他的心智成长吗？我可以成为一个没有偏见的妈妈吗？我可以和孩子自在地玩耍，可以对他的需求做出最好的反馈吗？完成这些任务的情绪，即使是最细微的情绪就足够引发母亲对宝宝心智成长的害怕和担忧。

我是否有能力利用那些有帮助的人来建立一个有益的关系网并将它维持下去？我是否有能力建立一个帮助系统，可以对我在担任母亲的角色时提供必要的帮助？年轻的母亲应该感觉到自己的身体受到了保护，并且在刚开始面对外界时受到了庇护。只有这样她才可以全身心地投入到新的角色中去。保护准妈妈的任务则落到准爸爸的身上。

此外她还需要感觉到支持、帮助和关心。能够依赖指导和帮助具有很大的意义。从这一点上看，其他的女性也起到了很重要的角色，特别是准妈妈的母亲。年轻的妈妈怀孕期间就开始在想像中和自己的母亲争执，宝宝的出生更加剧了这一点。宝宝的独特性唤醒了她对自身的回忆。准妈妈自己在童年时期的经历会影响到她对待宝宝的方式。女性能够在何种程度上回想和自己母亲之间的关系（无论她的经历是否愉快）对于她对待宝宝的行为以及建立亲子依恋有积极的作用。

周围的支持者（丈夫、父母、亲戚和朋友圈）构成了网络的另一个重要部分。面对他们，年轻的母亲会害怕无法满足他们的期望，被他们指责为“坏妈妈”。这种恐惧感还会导致一些母亲认为自己失去了孩子的爱。面对伴侣她也会焦虑：他会和自己争抢宝宝的注意力以及害怕被宝宝抛弃。

我是否能调整自己来完成上面的任务呢？我是否能够顺利完成以下的角色转变呢？

- 从一个女儿变成一个妈妈。
- 从一个妻子变成一个母亲。
- 从一个职业女性变成一个家庭主妇。
- 从年轻的一代变成父母的一代。

这四个方面构成了年轻母亲的生活中心。如果她无法完成这种内部的“重建”，就会影响到她对生活的满意度。她需要一个可以作为未知任务的榜样。

刚当上妈妈的女性所处的阶段被称为“母性位置”。它描述的是一种典型的、新出现的趋势，会导致各不相同的敏感、想像、愿望、焦虑和倾向。这种趋势使之前存在的所有兴趣和爱好都变得不再重要。

上面的主题反映了我们的社会文化价值：孩子对于社会发展有着十分重要的意义。因此人们一般认为怀孕是一种令人向往的事情。母亲的角色被赋予了很高的价值，受到人们的尊重。照顾孩子被认为是母亲的责任，尽管她们不得不放弃很多别的活动。人们认为母亲应该爱自己的孩子，父亲和其他人（以前指大家族）在孩子出生后应该帮助母亲来扮演好自己的角色。尽管如此，母亲很少得到来自于社会的经验、合适的帮助或培养，使自己能够更加轻松地完成母亲的责任。

在和其他年轻母亲接触的过程中表现出自己对母亲形象的渴望，希望得到她们的帮助和指导。如果旁人能够对她做出情感上的认同，强调她的优点和能力并在此基础上发展出建议，她就觉得受到了支持。好的互相合作有一个前提，那就是她们觉得被信任，这样才能释放出母性的能力。

> 要帮助那些有了宝宝的母亲，最重要的一点就是理解她们在母亲阶段的精神状态。只有她们感受到了这种理解，她们才能信任并建立一种联系。

准爸爸

上面提到的美国的研究证明，父亲对照顾和教育孩子的参与是夫妻关系发展的一个决定性因素。在和研究人员的对话中，男性对于亲子关系表现出很大的兴趣。那些认为男性觉得工作比孩子以及家庭更加重要的观点站不住脚。相反，他们对于照顾宝宝表现出的兴趣甚至大于他们实际能够做到的。

很多夫妻出现的这一差异基本上有三个原因：

1. 如果男性在自己的童年时期没有一个很好的角色榜样，那么他在对待自己的宝宝时也会有很强的不确定感。基于这个原因，他们首先要面对的难题就是克服不愉快的童年给自己造成的阴影。谁能在这一方面帮助他们呢？

2. 由于社会原因造成的角色分工，如果男人在工作时需要为照顾孩子腾出更多的时间，会经常遇到一些阻力。男人通常的薪水比女人高一些，仅仅这个事实就经常使家庭中出现传统的角色分工。

3. 然而根据上述研究，最重要的影响是能否成为一个好父亲的情绪。妻子的指责常常会让丈夫觉得自己不成功或挫败。

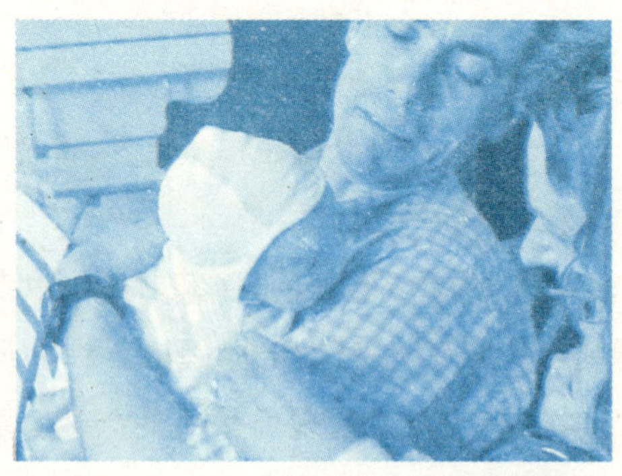

图 9.1 父亲对于亲子关系的建立很感兴趣

过去几年，父亲更常出现在公众话题中。强调他们和宝宝的亲子关系有利于宝宝的发展，仅仅作为养家者的角色则受到了质疑。传统的角色分配"养家糊口的人"使他们更多地被家庭事务排除在外。如今人们则更常看到带着宝宝的父亲。一部分男性开始休产假，而德语区中，会陪伴宝宝出生的父亲比例上升到了90%！由此人们可以看出来，情况已经大不相同。尽管如此，有关准爸爸的研究却还是少之又少。

准爸爸的压力有可能在妻子怀孕期间就开始了，例如当妻子经历很痛苦的怀孕过程时。而且如果妻子在孕期的心理发展不稳定也会使丈夫感到压力。由于男性并不总是寻求通过对话来解释，这种问题很有可能随着时间发展成为夫妻关系之间的冲突。那些计划外的或无心的怀孕也常常会使父亲感到消极。有时候将为人父的转换期正好和事业上的上升期发生冲突。如果妻子在这时候怀孕，他就会认为是错误的时机。而怀孕的妻子则会感受到抗拒。

这些负担会或多或少地产生影响。当然他们也将面对一些好的方面：宝宝带来的更高的社会声望、自我实现感、自豪感、生命在孩子身上得到延续、"视野"的拓宽、情感依恋的美好方面以及青年时代的苏醒。宝宝被看做是婚姻的结晶，成为家庭间的桥梁以及消除孤独感的良方。

和妻子之间的关系发展对于准爸爸十分重要。因此如何体验和转换(准)父亲身份取决于夫妻双方之间如何相处。那些在夫妻关系中经常争吵而很少得到体贴的父亲比那些成功处理夫妻关系的父亲压力更大。因此，对男性来说，性生活在夫妻生活满意度中通常起到更加关键的作用。这一点和女性不同。

宝宝出生的第一个月中，由于缺少时间，社交联系会受到限制，长远来讲，这也会成为造成负担的一个因素(就算人们原本就赋予家庭更重要的地位)。

然而对于父亲来说，他将面对的最大考验却是宝宝无法预料的特性，这些特性一般与宝宝的气质有关。那些不安静的、常常哭闹的宝宝会让成为一个好父亲的感觉受到很大的考验——母亲也一样。宝宝带来的愉悦感对父亲身份的影响最为正面。和宝宝共同玩耍的时间可以部分抵消掉他的负担。

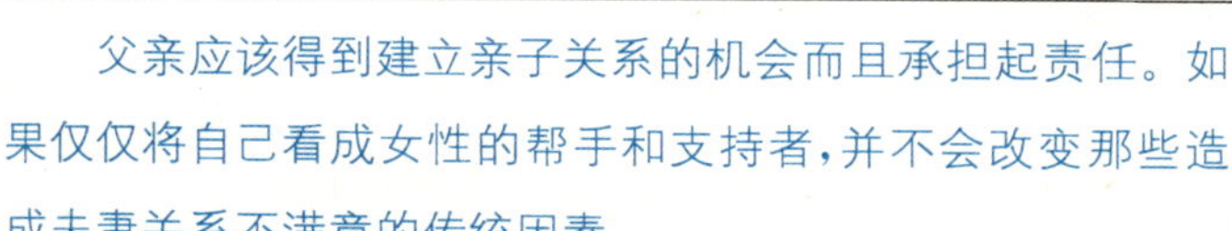

父亲应该得到建立亲子关系的机会而且承担起责任。如果仅仅将自己看成女性的帮手和支持者，并不会改变那些造成夫妻关系不满意的传统因素。

因此，和母亲一样，也应该允许他们在建立亲子关系时出一些错。能够和父亲发展依恋关系给宝宝创造了自由和机会，从父母不同的行为方式中选择自己所需要的那种(父亲喜欢和宝宝进行身体上的互动，通常比较激烈，而母亲和孩子相处时更加温柔而且喜欢重复同样的游戏)。这对宝宝的发展十分有好处。

总的来说对父亲——对母亲也是一样：如果宝宝带来的“收获”大于“付出”，那么父亲的经历将会是正面的。

9.3　良好的夫妻关系对宝宝的成长很重要

拥有双亲——父亲和母亲——一开始就对宝宝很有好处。这样他就有机会经历处理“世界上的事物”的不同行为方式。宝宝在父母的“磁场”中出生并成长。父母关系的稳定性对他的成长十分重要。如果无休止的争吵破坏了夫妻关系，那么就会分散他们投入在亲子关系以及照顾宝宝上的精力。

这些精力被用于处理夫妻之间的争论和紧张关系，通常带着负面的情感。父母中的一人或父母双方有可能会因为争执而压力过大，然后将没有解决的情绪问题（例如侵略）转移到宝宝身上。这种情绪可能是有意或无意的，它会限制父母对宝宝需求的观察力，降低父母的移情能力；本能行为因此就有可能无法进行。接着父母可能会产生愧疚感，因为他们认为连累了自己的宝宝。为了让一切恢复正常，他们会宠溺孩子（例如对玩具或宝宝使用的其他物品投入更多钱财）。

另一方面，宝宝对压力非常敏感，他会尝试用特别乖巧的行为或者特别引人注意的行为来克服这些压力。宝宝会试着迎合那些给他产生压力的人，放弃对自己兴趣的感知。

生活状况的重大改变也会对宝宝的发展产生影响。搬家、由于分居或离婚而失去父母之一、和继父或继母生活，会对宝宝的精神产生过大的压力。就算是不满意的夫妻关系中向好的方向转变对宝宝来说也是一个(至少是暂时的)挑战。父母需要精力来完成自身的转变,投入到宝宝身上的精力自然就会减少。

处于磨合阶段的、长时间的夫妻关系不和对宝宝发展的影响并不是很明显。但是宝宝在这类夫妻关系中常常起到一个尴尬的作用,即“婚姻黏合剂”,成为伴侣的替代品或人生的目的。这些不同方面的相同点是:无论父母如何尽心,宝宝的真正需求也只能部分地得到满足——敏感、充满爱意的接触、照顾以及对宝宝发展的帮助。大一点的孩子在这种情况下通常会用引人注意的行为表达,而大部分的婴儿(有可能自身还带着压力)则会过度哭闹,产生睡眠或者进食问题。您已经从有关孩子两岁前发展的章节(参考第三章、第四章和第六章)中得知,压力过大的父母无法给宝宝的自我调节提供足够的支持。通过提到过的那些引人注意的行为,宝宝将自己的压力表达出来。

缺少父亲或失去父亲会对宝宝的发展产生极大的影响,有可能还会导致宝宝的精神生活受到明显的妨碍。一直以来,父亲对宝宝发展的影响都被轻视了。在婴儿期,父亲作为三角关系(在母亲—孩子—父亲的三角关系中)中的第三方十分重要。他可以促进宝宝在最初几个月里的内部发展。在这个时间点之前,宝宝主要是和母亲相处。然后他开始——当他不断经历有父亲参与的情况时——分散自己的注意力。这样宝宝就可以同时和两个人接触。

父亲对宝宝能力和性格的发展也有很重要的作用。父亲的缺失对于人与人之间的发展、思考和能力的发展、获得人际关系的能力，都会带来不利影响。另外还可以观察到，缺少父亲或失去父亲还会对宝宝的性别角色发展产生负面影响。当然这并不是说缺少父亲就一定会导致这些缺陷，但确实有很高的风险。

9.4 怎样建立成功的夫妻关系

为了给这一章节作一个有意义的结束，我想探讨一下改善关系的方法，尤其是现在关于这方面已经有了相当多的发现。那么究竟应该怎样促进夫妻关系满意度呢？

如何意识到夫妻相处中出现的问题？

男性和女性在准父母阶段会有不同的经历方式，正如提到过的一样，并没有什么特别之处。相反，这是两种性别在不同生活经历后的自然结果并导致了不同的思维方式和观点。这种发展始终存在而且无法改变。但是夫妻在为人父母之初时应该共同努力度过这一转换期。一方面应该学会容忍差异性。接受不同的态度和价值观有助于提高困境下的容忍能力。在解决问题的过程中，夫妻关系会得到发展并经受住考验。

下一步则是通过交谈来交流双方的不同观点。根据最重要的研究结果，夫妻交谈时的方式和方法是夫妻关系和睦的第一要素。感到满足和不满足的夫妻分别有其典型的交谈方式。不满足的夫妇交流的内容常常是负面的。大多数男性的交流能力不如女性,因为女性是在自身的发展中逐渐学会交流的。对夫妻关系危害最大的四种交谈方式是:

- 严厉的指责(一概而论的、负面的评论:“您绝不能这么做。”)
- 嘲笑或贬低(例如:“哎哟,您怎么突然开始关心别人了。”)
- 防御型(频繁的防御,同时反击和辩护,例如:“凭什么我要做这些,您怎么不努力做一些让我开心的事,您根本……”)
- 躲避和回避交谈(刻意回避,外出,夫妻关系有名无实)

如果出现这四种相处方式,那么离婚的几率就会明显增加。

即使双方的交流不那么负面,也有可能因为压力而完全停止这种交流。夫妻之间会越来越少甚至停止打开话题,更加频繁地互相指责和贬低,到最后就会互相回避。

改善夫妻关系的第二个要素是夫妻共同努力战胜压力。如果夫妻之间能够互相交流自己的压力、感觉和想法,那么双方都能感觉到轻松。焦虑和遇到的困难是可以相互倾诉的。当一方感觉到压力过大时,另一方应该承担起一部分的工作和活动。在困境中的互相扶持——如果可以的话——

可以促进同属感和相互信赖感的发展。在这一方面，满足的和不满足的夫妻相差甚远。

怎样才能维护夫妻之爱呢？

研究表明，能够确保夫妻关系和睦的根源并不在于身体的吸引力、性感的外表、才智、年龄或教育水平、收入和社会阶层。就算是最纯粹的爱情也不会成为永久的保障。能够确保夫妻和睦的三个重要能力是：

- 双方可以适度地交谈。
- 可以有效地解决日常问题。
- 能够有效地化解日常压力。

压力管理：化解压力的能力无论在什么方面都是最重要的。它也是其他两种能力的基础。化解压力是指，能够将所有没必要的压力减轻。组织、计划和共同努力可以起到帮助作用。夫妻可以在不同的活动中（无论是共同进行的还是单独进行的）以及和家庭成员、朋友和熟人的联系中获得力量。“没有压力的小岛”对双方来说也是十分有益的。也就是夫妻独处的时间，为电池“充电”——给自己也是给对方。

认真考虑对另一半的期望：考虑自己对另一半的期望是否太高，也是很有意义的。在夫妻关系的发展中，这很有可能导致夫妻陷入争执。人们变得不再像原来的自己。应该给自己和对方足够的发展空间。

变得宽容：当遇到让生活变得困难的事物时，应该摊开来讨论，但不要让自己总是被它所左右。从某一方面来说，变得大方和宽容是必不可少的，必须要在妥协和需求中找到一个平衡点。

共同放松：一周有一次能够共同放松和享受不被打扰的共处时间，可以增强夫妻情感并为日常压力提供“缓冲”。

9.5　总结

在成为父母的过程中，夫妻关系的很多方面都会出现新的结构和转变。角色改变了，跟着也就出现了新的情况。因此需要不同于以往的、新的行为方式。它会影响到个人（特别是夫妻关系）和夫妻的人际关系以及夫妻双方的关系。

在夫妻关系满意度降低之前，在这一阶段通常已经出现了其他不利的发展。对角色分配的不满意、共处时间的不足、性体验的差异、对空闲时间的不同设想以及原生家庭的负面关系模板，都可能导致问题的产生。

通常母亲会将精力集中在亲子关系上，而父亲则被排除在外。这是一种很普遍的夫妻关系模式。两个人的世界渐行渐远，习以为常的相处方式又加固了这一点。解决的方法之一是让父亲也参与照顾宝宝。值得高兴的是，如今这一点已经越来越多地得到了实践。

父亲在自己的新角色中感受到的压力（工作与家庭之间的冲突、对童年时期不愉快的回忆、夫妻关系问题、缺少属于自己的时间、宝宝不安静的气质），可以通过和宝宝共处时获得的愉悦感部分地抵消。

父母双方以及双方的协调关系对宝宝的发展有正面的影响。紧张和争吵会侵蚀夫妻投入在宝宝上的精力。夫妻关系恶化带来的重要改变会使很多宝宝产生过大的压力。如果父母的关系不和，宝宝常常会通过引人注意的行为来表达自己压力过大。

父亲在宝宝婴儿期时对于建立三人关系十分重要。从长远来讲，他还会对宝宝的成就、社交能力、人格和性别角色发展产生影响。

交流方式和压力反应对夫妻关系满意度起着决定性作用。在交往中互相尊重，有效地解决日常问题，以及克服日常压力，能够在夫妻关系中得到磨练并从中学会。接受对方对共同情况的不同观点也可以促进夫妻关系满意度。